Materialien

zur

Phytologie.

Zweyte Lieferung,

herausgegeben

von

Ferdinand Runge.

Berlin 1821.

Gedruckt und verlegt

bei G. Reimer.

Neueste

Phytochemische Entdeckungen

zur Begründung

einer wissenschaftlichen Phytochemie.

Zweyte Lieferung

von

Ferdinand Runge,

Dr. der Heilkunde.

Das Pflanzenreich ist in der Idee eine Einheit, in der Erscheinung ein unendlich Mannigfaches.

(Mit vier Kupfertafeln.)

Berlin 1821.

Gedruckt und verlegt

bei G. Reimer.

J. W. Döbereiner,

dem

unermüdlichen Förderer

chemischer Forschungen

hochachtungsvoll

zugeeignet.

Vorrede.

Ueber ein Jahr ist seit Erscheinnng der ersten Lieferung verflossen; eine Frist länger als billig, da diese zweyte Lieferung, dem Versprechen nach, schon in einem halben Jahre nachfolgen sollte. Es liegt daher dem Verfasser ob, Rechenschaft wegen dieser Zögerung zu geben.

Nachdem (in der ersten Liefer.) die in der Phytochemie zu befolgenden Prinzipien entwickelt, das Wesen und eine Anwendung der Reagentien in einem ausgedehnteren Sinne wissenschaftlich gewürdigt, die Nothwendigkeit einer doppelten Zerlegungsweise — einmal in Salze durch Lösung, dann in Base und Säure durch Scheidung — den Grundzügen nach dargethan und durch einzelne, beygebrachte empirische Thatsachen veranschaulicht worden, also im Allgemeinen die Pflanzenstoffwissenschaft (Phytochemie) vorwaltend nach der ideellen, spekulativen Seite hin sich zu gestalten begonnen hatte, schien nichts nothwendiger, ersprießlicher und folgewichtiger für ihre fernere Fortbildung zu seyn, als nun den empirischen Weg derselben mit gleicher Beharrlichkeit zu verfolgen, um so dem spekulativen Pol durch ein gleichmäßiges Entgegentreten des empirischen, Halt und wissenschaftlichen Werth zu verleihen. — Es war daher des Verf. ernster Vorsatz, diese zweyte Lieferung dem Inhalte nach vorzugsweise mit empirischen Thatsachen ans Licht treten zu lassen, wozu dann die angekündigte Widerlegung der Annahme eines s. g. Extraktivstoffs ꝛc. Materialien genug an die Hand gab.

Schon durch frühere, vorläufige Versuche über das Verhältniß dieses problematischen Stoffs im Allgemeinen unterrichtet und dadurch zu der Ueberzeugung gekommen, daß durch eine umfassende Untersuchung desselben der Wissenschaft wichtige Entdeckungen zu Theil werden würden, unternahmen wir um so muthiger und freudiger seine Bearbeitung, die uns wegen der vielfältig einzuschlagenden Wege und Abänderungen im Gange der Analyse, die jede verschiedene Pflanze wegen ihrer Eigenthümlichkeit nöthig machte, über ein Jahr lang anhaltend beschäftigt hat. Eine große Menge s. g. Ertraktivstoff enthaltender Pflanzen wurden zerlegt, um in diesem weiten Felde phytochemischer Untersuchungen, das schon die Thätigkeit so vieler Forscher in Anspruch genommen, nur erst zurecht zu finden und den Standpunkt zu erringen, von welchem aus die täuschenden und mißverstandenen, dem s. g. Extraktivstoff beygelegten Eigenschaften und Erscheinungen zu beurtheilen und durch Gegenversuche aufzuklären waren.

Wie aber dem Realen ein Ideales entgegentritt, und das Ideale das Reale hervorruft, so auch hier. Je weiter wir auf analytischem Wege vorwärts drangen, desto klarer wurde uns das pflänzliche Stoffverhältniß und je mehr wir über dieses spekulirten, um so leichter wurde uns die experimentelle Forschung, so daß sich aus den zerstreuten und heterogenen Objekten des s. g. Extraktivstoffs bald ein Ganzes gestaltete, das zu den schönsten Hoffnungen berechtigte. —

Was auf solche Weise in uns, durch Wechselwirkung mit der realen, stoffigen Erscheinungsweise der Pflanzen sich gestaltet hatte, das sollte nun aber hervor- und hinaustreten ins Aeußere, in, auch für Andere erkennbarer und beschaulicher Gestalt, sollte auch in Anderen zum Ganzen sich bilden: es mußte also dergestalt, versinnlicht, kurz beschrieben werden. — Hier gab es nun unsägliche Schwierigkeiten. Die alten Formen waren durch die neuern Forschungen zertrümmert, die alten Begriffe und Ansichten ausgetilgt, zernichtet, die frühere Sprache zur Darstellung und Verdeutlichung des Gefundenen also unbrauchbar. Was war hier nun zu machen, um verständlich in Beschreibung des Neuen zu werden? Es gab hier einen Ausweg. Wir mußten uns wieder in uns selbst versenken, von der Besonderheit ins allgemeinere Gebiet der Wissenschaft zurückkehren, die Pflanze in ihren universelleren Beziehungen und Erscheinungsweisen anschauen, dieses alles an das Besondere anknüpfen und nun durch Wort und Zeichen verkörpern (beschreiben) um Andere gleichsam von vorne herein auf das Nachfolgende vorzubereiten und ihnen die Kenntnißnahme von demselben zu erleichtern. So entstand dann die genetische Darstellung der Phytologie (im I. Cap.), die Entwicklung der Pflanzenmetamorphose (im II. Cap.), und endlich aus dieser die Stoffsystematik (Cap. III.), die durch die Supplemente zur Zerlegungsweise (Cap. IV.) und die Entwicklung der bey Anwendung der Reagentien zu befolgenden Prinzipien (Cap. V.), endlich zum rein Faktischen sich harmonisch hinbewegten, das in den kritischen Untersuchungen über die Annahme eines s. g. Extraktivstoffs rc. zu Tage kommen sollte; so daß in Bezug auf diesen Gegenstand alles Vorhergehende nur Vorbereitung und Einleitung war, um diese Untersuchungen mit Erfolg zu handhaben und ihre Resultate zu versinnlichen, zu beschreiben. Zu diesen Vorbereitungen gehört dann vorzugsweise die im (III. Cap.) vorgeschlagene neue Bezeichnungsart der Pflanzenstoffe, die aber ohne eine Deutung der Pflanzenbildungstheile, die wiederum die Entwicklung und Darstellung des pflänzlichen Metamorphosenganges voraussetzte, nicht zu geben war. So forderte eins das andere und wir wurden auf solche Art genöthigt, unsere phytochemische Zeitschrift zu einer phytologischen umzuwandeln, worin nicht blos der Pflanzenstoff betrachtet wird, sondern auch das pflänzliche Leben und die pflänzliche Form. Ein solcher Inhalt machte nun auch die vorgenommene Titeländerung nothwendig.

Durch diese Seitenblicke ins Reich der Form und des Lebens der Pflanze wurde nun nothwendig ein längerer Zeitraum in Anspruch genommen als sonst geschehen seyn würde, und daher das Erscheinen dieser zweyten Lieferung bis jetzt verzögert, die nun aber doch nicht enthält, was sie anfangs bringen sollte, indem die Extraktivstoffabhandlung wegen ihres großen Umfangs, dieser zweyten Lieferung, die selbst schon in etwas die einmal gesteckte Gränze überschritten hat, nicht mehr einzuverleiben war, so daß diese Lieferung nur als das Vorbereitende, Einleitende zu diesem empirisch-Faktischen der Pflanzenstoffwissenschaft angesehen werden kann, da in diesem Fall die Lebens- und Formwissenschaft der Pflanze als dienend erscheint. Die Wissenschaft verliert durch diese Verspäterung wenig, ja sie gewinnt dabey, indem uns nun Zeit gegeben ist, das Ganze noch einmal durchzuarbeiten, um Mängel zu ergänzen und Fehler zu beseitigen.

Was nun den Inhalt vorliegender Lieferung betrifft, so ist er keineswegs, wie schon bemerkt, r e i n p h y t o c h e m i s c h und kann es auch in Zukunft nicht wieder werden, weil, wie aus dem ersten Capitel zur Genüge hervorgeht, das gänzliche Lostrennen der Stoffwissenschaft von der der Form und des Lebens zu einer Einseitigkeit führt, die der Pflanzenwissenschaft (Phytologie), welche doch einmal als ein Dreyeiniges von Leben-, Stoff- und Formwissenschaft sich gestalten muß, in ihrer Entwicklung und Ausbildung nur hinderlich seyn kann. Wir entbieten daher den Botanikern und Pflanzenphysiologen hiemit unsern herzlichen Gruß und ersuchen Sie durch Ihre Mithülfe dem begonnenen Werke Gedeihen zu bringen und durch Beachtung des im Vorliegenden nur aus rein wissenschaftlichem Antriebe, Gesagten mit der Pflanzenchemie in eine nähere Verbindung zu treten. Sie werden dann gewiß die Ueberzeugung gewinnen, daß dieselbe Ihnen sehr hülfreich werden kann, wie umgekehrt die Pflanzenchemie es kein Hehl hat, daß sie nur durch treuliche Benutzung botanischer und physiologischer Hülfsmittel sich aus dem Stande ihrer bisherigen Erniedrigung erheben könne. Was an uns ist, so werden wir auf dem betretenen Wege fortgehen, aber wir wünschten, daß auch Andere uns, wenn nicht begleiteten, doch dann und wann begegneten, um durch gegenseitigen freundlichen Gruß, oder wo es Noth thut, ernste Warnung vor Fährlichkeiten des kommenden zu durchwandelnden Weges, neue Aufmunterung zu gewinnen, neue Verbindungen zu knüpfen, neue Ansichten zu schaffen und neue Wege zu bahnen. Wer also inneren Antrieb spürt, die Pflanzenwissenschaft zu fördern, der schließe sich an diese Zeitschrift an, und bewirke durch wissenschaftliche Beyträge (die natürlich original seyn müssen, da Uebersetzungen als das Alte nur der Form, nicht dem Inhalte nach erneuet wiedergebend, hier wo es sich gerade um das Neue handelt, nicht zu gestatten sind) das öftere Erscheinen derselben als es durch die Bearbeitung eines Einzelnen möglich ist. — Alles was sich individualisiren und als ein Selbstständiges hinstellen will, muß sich durch Kampf bewähren, es werden uns daher Beurtheilungen unserer hier dargelegten Ansichten sehr willkommen seyn, in so fern sie nur das Gebot der Wissenschaft: Gleichheit der Waffen heiligen.

Gemäß diesem weitern Umfange und mannigfaltigeren Stoff, der diesen Lieferungen durch eine solche Mithülfe erwachsen würde, wäre nun auch ein anderer Plan in Anordnung der Gegenstände zu befolgen, dessen Auffindung nicht viel Mühe macht, indem er durch die Phytologie, der die Bearbeitung gilt, selbst vorgezeichnet ist. Die wissenschaftlichen Beyträge werden sich nemlich, je nachdem sie dem Leben, dem Stoffe oder der Form der Pflanze gewidmet sind, unter die folgenden drey Abtheilungen vertheilen, nemlich

1. Phyto-Biologie (Pflanzenphysiologie),
2. Phyto-Stöchiologie (Pflanzenchemie),
3. Phyto-Morphologie (Botanik, Anatomie ꝛc.) *).

Mittelst einer solchen Abtheilung findet ein Jeder leicht, was ihn vorzugsweise anspricht, und kann dann nach Gefallen sich auch in die andern Gebiete verlieren.

*) Vergleiche das erste Capitel.

Um den Zusammenhang dieser zweyten Lieferung mit der ersten nicht zu unterbrechen, mußte, ungeachtet der vorgenommenen Titeländerung, doch der eine: „Neueste phytochemische Entdeckungen" rc. beybehalten werden. Er ist auch eben nicht am unrechten Ort, da diese Lieferungen (was uns betrifft) vorzugsweise phytochemische Entdeckungen bringen werden, nur nehme man es nicht so genau und lasse neben diesem auch phytobiologische und phytomorphologische Entdeckungen hier ihre Stelle finden, was durch den neueren Titel auch hinlänglich angedeutet ist. Es möchte hier nicht unnöthig seyn zu bemerken, daß wir überhaupt den Begriff des Wortes „Entdeckung" in einem allgemeinern, wissenschaftlichen Sinne nehmen, obwohl man von jeher gewohnt ist, dabey nur an rein faktische, empirische Handgreiflichkeiten zu denken. Es giebt nach unserer Ansicht, gleichwie der Weg zur Wissenschaft ein dreyfacher ist, auch dreyerley Entdeckungen, nehmlich empirische, spekulative und mathematische. Wer eine neue Idee zeugt, d. h. wer sich der geistigen Thathandlungen seines Innern bewußt wird, also gleichsam das in ihm selbst Vorgehende gewahrt, der macht eine spekulative Entdekkung; wer diese Idee in der Natur realisirt wiederfindet, auf dem Wege der Erfahrung nachweist, der hat eine empirische Entdeckung gemacht, und wer endlich diesen Fund gegen anderes Gefundene in das richtige Licht stellt, ihr gegenseitiges, specifisches Verhältniß ausmittelt, also seinen relativen Werth in Bezug auf Anderes bestimmt, der hat ein

Gesetz gefunden, hat eine mathematische Entdeckung errungen. Die spekulativen Entdeckungen kommen zunächst aus dem Menschen selbst, die empirischen sind ihr Wiederschein in der äußern Natur und die mathematischen sind das Mittel von beyden. — Diese Ansicht, die sich aus dem Verhältniß des Menschen zur Natur ganz ungezwungen ergiebt, wird das Zusammenfassen spekulativer Betrachtungen, empirischer Forschungen und mathematischer Berechnungen unter dem Namen „Entdeckungen" rechtfertigen.

Einmal machte es die ausgedehntere Bearbeitung, die diese Lieferung erheischte, und dadurch unsere Thätigkeit anderweitig in Anspruch nahm, und dann unsere dem Aeußern nach etwas beschränkte Lage es unmöglich, mehreren Anforderungen zu genügen, wozu Aussprüche in der ersten Lieferung berechtigen. So konnten bey unserm jetzigen Aufenthalt in Berlin, die auch für die Materia medica so wichtigen Versuche mit dem Katzenauge nicht fortgesetzt werden. Möchten Physiologen sie aufnehmen und erkennen, daß es kein sichereres und einfachereres Mittel giebt, die specifischen Antidota des Tollkrauts, der Bilse und des Stechapfels auszumitteln als das Katzenauge. Die Versuche sind nicht schwierig, indem man nichts weiter zu thun hat, als die reinen Basen oder ihre Verbindungen mit Säuren, welche nach der örtlichen Applikation aufs Auge die Pupille erweitern (Belladonnabase ꝛc.), mit Basen und Salzen anderer, nicht so aufs Auge wirkender narkotischer Pflanzen, z. B. des Aconits, der Digitalis, des Solanum, des Tabacks, des Schierlings ꝛc. in steigender Dose zumischen und aufs Auge zu bringen, wo dann durch nicht erfolgende Pupillenerweiterung sich das Beygemischte als ein jenen Basen und ihren Wirkungen Entgegengesetztes, kurz als ihr Antidot sich kund giebt. Bekanntlich sind die specifischen Heilmittel der durch Belladonna, Hyoscyamus und Datura bey Vergiftungsfällen hervorgerufenen Krankheitsprozesse noch unbekannt, so daß solche Unglücklichen selten mit dem Leben davon kommen. Hier ist nun das Mittel gegeben, das bey diesen Vergiftungsfällen anzuwendende Heilmittel ausfindig zu machen und abgesehen von dem, was die höchste Pflicht, die gegen die Menschheit erheischt, werden diese Versuche noch dadurch wichtig und wünschenswerth, weil, da alles gegenseitig gilt, mit dem Auffinden des Antidots zugleich auch das Mittel gegen die Wirkungen dieses Antidots gefunden ist. Gesetzt ein Gemisch aus dem narkotischen Belladonna- und Aconitsalze *) zu gleichen Theilen, brächte aufs Katzenauge gebracht, keine Pupillenerweiterung hervor, so würde daraus folgen, daß wenigstens in Bezug auf die Pupillenerweiterung das Aconitsalz ein Antidot des Belladonnasalzes sey, seine Wirkungen aufhebend, umgekehrt folgt aber auch, daß in andern Fällen Belladonna die Wirkun-

---

*) Deren Basen beyde die narkotische Wirksamkeit besitzen.

gen des Aconits aufheben werde, eben weil jene die seinigen aufhebt. Die Zeit, wo die Bosheit sich mineralischer Gifte bediente, um ihre Plane auszuführen, ist vorbey. Sie ist durch das Emporkommen der Oryktochemie, der es jetzt eine Kleinigkeit ist, Arsenik, Bley, Kupfer ꝛc. zu entdecken und durch die eben nur hiedurch mögliche Wachsamkeit der Polizey vorübergeführt, und so möchte dann jetzt das Vergiften mit pflänzlichen Stoffen seinen Anfang nehmen, einmal weil es bey dem jetzigen Zustande der Pflanzenchemie in den allermeisten Fällen unmöglich ist, ihr Daseyn zu entdecken, so daß man das so farb- form-, ja gleichsam materienlose Fürchterlichwirksame narkotischer Pflanzen (die narkotische Base) Quentchenweise dem Kaffe, dem Gemüse, dem Bier ꝛc. beymischen kann, ohne daß Gesicht, Mund, Nase etwas Auffallendes entdecken und doch bringt es hinuntergeschluckt, sogleich den Tod — und dann zweytens durch die Leichtigkeit sich Giftpflanzen zu verschaffen, die man nicht wie den Arsenik ꝛc. unter polizeiliche Aufsicht bringen kann, weil sie überall herum wild wachsen. Es möchte daher wohl nichts wichtiger seyn als die von der Zeit geforderte Lösung der Aufgabe: untrügliche Reagentien für das Tödtlichwirksame aller wildwachsenden narkotischen Pflanzen auszumitteln. Daß solche da sind, also gefunden werden können, ist keine Frage, man betrachte nur das Thier- und Pflanzenreich und bedenke, daß ein jedes Pflanzen- und Thierorgan so wie jeder in demselben enthaltene Stoff ein solches Reagens seyn kann, es kommt nur auf durchgreifende Versuche an, um es zu finden.

Eine solche Untersuchung wird dadurch erschwert, daß sie in ein ganz neues Gebiet, in das der Zoochemie hinüberschlägt, was auch noch, ein wüstes, unbebauetes Land, erst urbar zu machen ist. Durch den Standpunkt, den die Phytochemie jetzt erlangt, wird auch dieses möglich werden, da das ganze Thierstoffreich = dem des Mineral- und Pflanzenreichs in die polaren Gegensätze von Base und Säure zerfallen muß, so daß auch hier dem Forscher dasselbe, aber versteht sich, auf thierischer Potenz wiederkehrt. Wir sind durch unsere phytochemischen Entdeckungen geleitet, so glücklich gewesen, dieses vom wissenschaftlichen Standpunkt aus sich als nothwendig ergebende polare Auftreten der Thierstoffe, auch durch vorläufige Versuche im Empirischen aufzufinden, namentlich ergab sich uns das Wirksame des Moschus, des Castoreums, der Cantharidenꝛc. als ein basisches, dem eine eigenthümliche thierische Säure gegenüber steht. Der Hauptbestandtheil des Harns (der s. g. Harnstoff), der der Galle (s. g. Pikromel), der des Muskelfleisches (s. g. Osmazome) und viele andere sind nichts Einfaches, sondern aus Base und Säure zusammengesetzte thierische Salze. Nach solchen Ergebnissen können wir nun dem inneren Andrange nicht ferner widerstehen, auch der Zoochemie unsere Kräfte zu widmen und sie einer ähnlichen Bearbeitung wie die Pflanzenchemie zu unterwerfen. Wir verkennen nicht die Schwierigkeiten, die hiemit verknüpft sind, allein der feste Wille vermag viel, und so ist denn der Entschluß in uns gereift, eine ähnliche Zeitschrift wie die vorliegende, für die Zoochemie herauszugeben, die wie diese in Lieferungen zwanglos erscheinen wird. Doch davon mehr an einem andern Ort.

Um einzelne Spannungen, die durch zu große Freymüthigkeit von unserer Seite (in der ersten Liefer.) und durch zu engherziges Deuten und Mißverstehen andererseits, entstanden sind, und der Phytochemie keineswegs Gedeihen bringen können, wieder auszugleichen, bemerken wir hier schließlich, daß uns in der Wissenschaft Persönlichkeiten völlig fremd sind. Es giebt für uns in ihrem heiligen Gebiete keine „Herrn", keine „Doktoren," keine „Professoren" ꝛc., sondern völlig gestalt- und prädikatlose Geister, die offen, frey und rückhaltslos mit sich reden lassen, und auch ein mit unterlaufendes hartes Wörtchen nicht übel deuten. Zwischen den Vertretern der Wissenschaft muß überhaupt nie die leiseste Ahnung von etwas Persönlichem aufkommen, es entehrt und stellt das wissenschaftliche Forschen dem egoistischen Treiben der bewußtlosen Natur gleich, wo alles mit Selbstsucht gegen einander auftritt. Wir ergreifen daher mit Freuden die Gelegenheit, eine R. Brandes (wie wir später gesehen haben) unverdienterweise gemachte Beschuldigung (in der ersten Lieferung S. 97.) hiemit zurückzunehmen und fügen die kaum nöthige Versicherung bey, daß wir den phytochemischen Arbeiten dieses tr fflichen Forschers unsere ganze Aufme ksamkeit sch nken, und nur wünschen, daß sich derselbe dem Studium der Pflanzenchemie ganz hingeben möchte.

Berlin, am ersten Pfingsttage 1821.

Der Verfasser.

Inhalt.

Erstes Capitel.

Die Phytologie und das Verhältniß der Botanik und der Phytochemie zu ihr.

Zweytes Capitel.

Drittes Capitel.

Die Pflanzenstoffwelt.

***

Viertes Capitel.

Zur Zerlegungsweise der Pflanzen.

Fünftes Capitel.

Reagentien.

Anhang.

Berichtigungen.

Seite 26 Zeile 9 v. u. statt Blattfall l. Blattformwechsel.
— 34 — 11 v. o. statt Verzweigung l. Belaubung.
— 37 — 13 v. o. streiche „Phytognosie" weg.
— 43 — 11 v. o. statt S. 29 lies S. 22.
— 59 — 4 v. u. statt Fülle lies Hülle.
— 73 — 9 v. u. streiche „die" weg.
— 81 — 8 u. 9. v. setze „werden" nach Laub.
— 147 — 4 v. o statt der lies oder (Extraktionsmethode.)
— 147 — 6 v. o. statt Salze lies Salzen.
— 164 — 8 v. o. l. mit den Organen der Krautwurzel ꝛc.
— 173 — 5 v. o. statt inhaltschweres lies: inhaltschwere Gebiet.
— 173 — 12 v. o. st. Geschichtspunkten l. Gesichtspunkten.
— 181 — 11 v. o streiche die Klammer und setze „zerlegt" nach „Pflanzenstoffverbindungen."
— 189 — 11 v. u. statt erreicht l. erweicht.
— 190 — 8 v. o. statt gereinigte lies gereinigter.

Erstes Capitel.

Die Phytologie

und das Verhältniß der Botanik und der Phytochemie zu ihr.

§. 1.

Die Pflanze ist ein Mineral mit solarer oder mit Geschlechtsdifferenz, und ein Thier, dem Bewegung und Empfindung mangelt; sie ist also ein Mittelding zwischen beyden.

§. 2.

Die Gesammtheit der Pflanzen heißt das Pflanzenreich.

§. 3.

Das Pflanzenreich ist ein Ganzes, ist eine Pflanze im größern Maßstabe und darum ein Organismus, dem Systeme (Sippschaften oder Familien), Organe (Gattungen) und Individuen (Arten) wesentlich sind, die sich zu ihm wie seine integrirenden Theile verhalten.

§. 4.

Die Wissenschaft vom Pflanzenreichs-Organismus ist die Phytologie.

§. 5.

Der Theil ist Abbild des Ganzen oder wiederholt das Ganze in sich auf seiner Stufe der Entwicklung. So die Pflanze das Pflanzenreich; dieses die große, jene die *kleine Pflanze* (μικροφυτον, μακροφυτον.) Die *Phytologie* ist daher auch Wissenschaft von der Pflanze, dem Theile des Pflanzenreichs-Organismus.

§. 6.

Da Wissenschaft einerseits nur die geistige Wiederholung des Objekts im Menschen und andererseits nur die reale Manifestation der Idee dieses Objekts in der Wirklichkeit seyn kann, so muß sie ihrem Objekte congruent, sie muß mit ihm *eins* seyn; und folglich auch die Phytologie mit dem Pflanzenreich und der Pflanze.

§. 7.

Das Pflanzenreich theilt die Natur aller irdischen Dinge: es hat die irdischen Erscheinungsweisen wie diese, und tritt nicht nur *zeitlich* oder *handelnd*, sondern auch *räumlich*, mit *Bestand* in der Wirklichkeit auf.

§. 8.

Das pflänzliche Handeln ist *pflänzliche Thätigkeit*, das pflänzliche Bestehen ist die *pflänzliche Materie*.

§. 9.

Beyde sind an sich Realitätslos. Sie werden erst real durch Einigung. Die Thätigkeit in Einung mit der Materie wird real als *handelnde* Materie. Die Materie verbunden mit Thätigkeit, ist *bestehende* (räumliche) Thätigkeit. Die erstere Combination giebt sich kund als *pflänzliches Leben*, die letztere manifestirt sich als *pflänzlicher Stoff* (vergl. Cap. II. §. 4.)

§. 10.

Beide verwirklichen einen Gegensatz. Das pflänzliche, Leben ist pflänzliche Materie mit vorwaltender Thätigkeit; der pflänzliche Stoff hingegen ist pflänzliche Thätigkeit mit einem Ueberwiegen des Materiellen. Nur relativ, nicht absolut sind sie sich entgegengesetzt wie alles Irdische.

§. 11.

Diese Pole gleichen sich aus wie alles Polare. Thätigkeit und Materie gelangen irgendwo zu einem relativen Gleichgewichte, das sich auf besondere Weise verwirklicht und Form heißt. In der Form neutralisiren sich Handeln und Bestehen, keines waltet vor.

§. 12.

Mehr Erscheinungsweisen der Pflanze als diese drey: Leben, Stoff und Form giebt es nicht. Sie sind verschieden und doch eins: einer Urquelle entsprossen. Das Leben ist Stoff, thätig gedacht, und der Stoff ist Leben mit relativer Ruhe hingestellt (§. 10.).

§. 13.

Da diese drei Erscheinungsweisen dem Pflanzenreich wie der Pflanze wesentlich sind, so giebt die Wissenschaft beider letztern zugleich die wissenschaftliche Erkennung derselben, so daß die Phytologie mit der Wissenschaft von diesen drei Erscheinungsweisen zusammenfällt, oder mit ihnen eins ausmacht. Hiemit ist nun die wissenschaftliche Eintheilung der Phytologie nothwendig als ein Dreyfaches gegeben. Die Phytologie besteht daher:

I. aus der Wissenschaft vom pflänzlichen Leben: Phyto-Biologie,

II. aus der Wissenschaft vom pflänzlichen Stoff: Phyto-Stöchiologie,

III. aus der Wissenschaft von der pflänzlichen Form: Phyto-Morphologie.

Anm. Aus mehr Wissenschaften denn aus diesen dreyen kann die Phytologie nicht bestehen, da Pflanze und Pflanzenreich nicht auf mehrfache Weise erscheinen (§. 7. f.).

§. 14.

Jede dieser Wissenschaften ist Abbild des Ganzen, dem sie angehören. Wie daher die Phytologie eine ideelle Seite hat in der Phyto-Biologie, eine reale in der Phyto-Stöchiologie und endlich eine ideal-reale in der Phyto-Morphologie (§. 13.) so kommt die entsprechende Triplizität auch jeder einzelnen derselben zu. Ihre ideale Richtung ist bezeichnet durch die Spekulation, ihre reale durch die Empirie, und ihre ideal-reale als die Indifferenz beyder durch die Mathesis. Auch sind diese Richtungen Gegensätze wie Leben und Stoff (§. 10.), die in einem dritten sich ausgleichend versöhnen. Zugleich ist aber auch dieser Gegensatz der Relativität unterworfen. Die Spekulation ist Empirie mit vorwaltendem ideellem oder geistigem Pol, die Empirie dagegen ist Spekulation, die vom Realen überboten wird. In der Mathesis kommen beyde zum harmonischen Gleichgewicht.

Wir entwickeln jetzt diese Wissenschaften in ihrer polaren Zerfallung.

I. Phyto-Biologie, Lebenslehre des Pflanzenreichs.

§. 15.

Die Biologie des Pflanzenreichs beschreibt wie jede Wissenschaft (§. 6.) in ihren Entwicklungsmomenten zwey sich geradezu entgegengesetzte Richtungen: die Erscheinungen und Aeußerungen des pflänzlichen Lebens gehen auf dem Sinnenweg in den Menschen ein und gelangen in ihm zum Bewußtseyn: Induktion — oder der Mensch wird sich als Complex aller Naturäußerungen und Naturqualitäten des Pflanzenlebens, wie es in ihm liegt, durch innere, intellektuelle Anschauung bewußt, wodurch er die Idee desselben zeugt und deren Congruenz mit dem Leben, wie es in der Pflanze real geworden, nachweist: Spekulation. Läge nicht im Menschen der ganze Pflanzenorganismus mit allen seinen Theilen, so könnte er sich dessen nie wissenschaftlich bewußt werden. — Was du geistig auffassen und erkennen willst, muß dem getreuesten Abbild nach leiblich in dir liegen! Das Thier wird sich des Menschen als Menschen nicht bewußt, weil ihm der Menschenleib fehlt, die Pflanze kann aus demselben Grunde vom Thiere nichts wissen. Was durch die Sinne in uns eingeht, und wie man sich ausdrückt „empirisch erkannt wird" ist nichts Ursprüngliches, sondern findet seinen Wiederschein schon präexistirend im menschlich-geistigen Organ, das dadurch nur zu einem freythätigern Hervortreten in seinen Produktionen angeregt wird. Diesen beyden entgegengesetzten Wegen der Forschung und ihrer Indifferenz entsprechend, zerfällt demnach die Biologie in die folgenden drei Theile:

1. Empirischer Theil: Phyto-Bioscopie.
   Faßt die Lebensäußerungen der Pflanzen, wie sie sich in der Erscheinung den Sinnen darstellen, auf, und leitet Versuche ein, deren Resultate Erfahrungen und Entdeckungen sind.
2. Spekulativer Theil: Phyto-Biogenie.
   Deduzirt aus der Idee des Pflanzenlebens (pflänz-

liches Urleben) die Nothwendigkeit seiner realen Manifestation, kurz giebt die Genesis desselben.

3. Mathematischer Theil: Phyto-Biometrie.

Tritt einigend und ausgleichend zwischen beyde Pole. Die Resultate der empirischen Forschung knüpft dieser Theil der Wissenschaft an höhere Gesichtspunkte, indeß er die spekulativen in einen mehr realen Kreis herunterzieht, ihr Verhältniß zu einander und zu andern Lebensverhältnissen abwägt und sich seiner Obliegenheiten in dem mathematischen Formalgewande ideell und plastisch zugleich entledigt.

II. Phyto-Stöchiologie, Stofflehre des Pflanzenreichs.

§. 16.

Der Stoff ist das Leben real gesetzt (§. 7. 8. 9.), die Stofflehre wird daher der Lebenslehre analog, denselben Entwicklungsgang befolgen und auf stoffiger Potenz in dieselben drey Abtheilungen zerfallen. Es wird daher geben

1. Einen empirischen Theil: Phyto-Stöchioscopie.

Er faßt die Erscheinungen auf, die sich vorwaltend am realen Pol der Pflanzen manifestiren. Seine Aufgabe ist Zerlegung der Pflanze, Sonderung ihrer Stoffe und Ausmittlung ihrer materiellen Verhältnisse zu einander durch Versuche und Beobachtung.

2. Einen spekulativen Theil: Phyto-Stöchiogenie.

Die Nothwendigkeit des Pflanzenstoffs aus der Idee der räumlichen Existenz der Pflanze abzuleiten, ist Aufgabe dieses Theils. Was die Stöchioscopie ihrer Aufgabe gemäß zerlegt und gesondert hat, das bringt die Stöchiogenie wieder zur Einheit: sie synthesirt und rekonstruirt in der Idee, was jene analysirte und destruirte. Die Stöchiogenie steht mit der Biogenie im innigsten Zusammenhange und beyde müssen sich auf einander beziehen.

3. Einen mathematischen Theil: Phyto-Stöchiometrie.

Auch in der Stofflehre wird die Mathesis das vermittelnde Glied. Dieser mathematische Theil verknüpft daher die Thatsachen der Sinnesanschauung mit denen der intellektuellen. Das Stoffverhältniß, wie es einerseits die Empirie durch die Analyse und andererseits die Spekulation durch die Synthese auf ideellem Wege giebt, ist ein bestimmtes, welches auszumitteln, durch Zahlenverhältnisse und Formeln auszudrücken, die Anforderung an diesen Theil ist.

III. Phyto-Morphologie, Formwissenschaft des Pflanzenreichs.

§. 17.

In der Pflanzenform gelangt der auf die thätige Seite hin abgewichene Pflanzenstoff (das pflänzliche Leben §. 10.) und die von der Materialität beherrschte Pflanzenthätigkeit (der Pflanzenstoff §. 10.) zur relativen Ausgleichung. Sie enthält daher die stoffigen und lebendigen Verhältnisse der Pflanze in sich, und deshalb kann die Phytomorphologie nur Ab-

Bild der Lebens- und Stofflehre seyn. Ihr Zerfallen ist demnach gleich diesen nothwendig ein dreifaches.

1. Empirische Formlehre: Phyto-Morphoscopie.

Ihr Objekt ist äußere und innere Form, die sie auf dem Wege der sinnlichen Anschauung und des Experiments zum Gegenstande ihrer Forschungen macht. In so fern die Form ihrer Genesis und ihrer realen Manifestation nach der äußern Wahrnehmung am nächsten liegt, in so fern ist sie vorzugsweise geeignet, nach ihr die Bestandformen der Pflanze und die Individuen des Pflanzenreichs zu ordnen und systematisch aufzufassen. Daher die vorzügliche Ausbildung dieser Lehre auf dem Wege der Induktion, wie sich bald zeigen wird (§. 20.).

2. Spekulative Formlehre: Phyto-Morphogenie.

Diese Lehre verfährt ihrem Grundprinzip gemäß genetisch und deduzirt das Wesen der Form und ihren nothwendigen Zusammenhang mit dem Lebens- und Stoffverhältniß der Pflanze.

3. Mathematische Formlehre: Phyto-Morphometrie.

Die Pflanzenform muß wie die Mineralform eine mathematisch-construirbare seyn; auch in jener walten Gesetze wie in dieser, die dem Calkul zu unterwerfen, Aufgabe dieser Lehre ist.

§. 18.

Dies hier Entwickelte giebt nun die ganze Phytologie in ihrer Erscheinung als Wissenschaft. Nichts ist hier zufällig oder willkührlich, sondern alle 3 × 3 Theile sind innig verbunden durch das Band der

Nothwendigkeit; was allein den Prüfstein für das ächt-Wissenschaftliche giebt. Man glaube aber nicht, daß diese Theile so neben einander stehen, wie sie hier dargestellt worden, nein in der Idee durchdringen sie sich und stellen das Ganze: die Phytologie, dar. Dem beschränkten Auffassungsvermögen des Menschen zu genügen, mußte diese Form der successiven Darstellung gewählt werden, indem es auf sinnlichem Wege nur das Nacheinander erfaßt und die Fähigkeit für das Erkennen des Durch- und Ineinanderseyns der Naturdinge tiefer im Geistigen gesucht werden muß, was aber beym gewöhnlichen Studium der Natur eben nicht sehr in Anspruch genommen zu werden pflegt. Aber der Forscher, der tiefer in die Natur eindringen will, muß es wissen, daß ihm höhere Mittel zu Gebote stehen, daß ihm ein geistiges Auge verliehen ist, wodurch er sein Objekt nicht successive, sondern zumal in seiner innigsten Durchdringung, auffaßt. Als solches stellt sich auch die Phytologie dem geistigen Auge dar, denn Pflanzenleben, Pflanzenstoff und Pflanzenform sind = Zeit, Raum und Existenz durchaus eins (dreyeinig) und untrennbar und nur ihre irdische Erscheinungsweise giebt die relative Differenz derselben; und darum müssen es ihre Wissenschaften als das treueste Abbild von ihnen gleichfalls seyn. Es kann und darf daher in der Stöchiologie der Pflanze nie allein vom Stoff, in der Phyto-Biologie nie allein vom Leben, und endlich in der Phyto-Morphologie nie allein von der Form die Rede seyn, sondern immer von allen dreyen zumal; eben weil sie nur scheinbar (in der Erscheinung) verschieden sind. Die Pflanzenstoffe sind ja nur körperlich gewordene Pflanzenthätigkeiten (§. 9. und 10.), und das Pflanzenleben ist nur das thätig gewordene pflänzlich-Materielle (§. 9. und 10.), es ist daher schier unmöglich, den Stoff zu handhaben, ohne sich gleichzeitig mit seiner Lebendigkeit zu befassen, und wiederum ist es undenkbar, daß man mit dem Pflanzenleben experimentire und sein Wesen erforsche, ohne daß man sich zugleich an den Stoff vergreife.

§. 19.

Alle drey hier als geschieden aufgeführte Wissenschaften: die Biologie, die Stöchiologie und Morphologie der Pflanzen sind es daher in der Idee eben so wenig als es ihre spekulativen, empirischen und mathematischen Seiten sind: in der einen kehren immer die andern wieder, wiewohl auf einer untergeordneteren Weise. Der Phyto-Biologe findet die Stütz- und Anhaltpunkte für seine Lehre im Stöchiologischen und Morphologischen. Die Stöchiologie muß Bio- und Morphologie und die letztere die beyden erstern zu Hülfe nehmen. So arbeiten sie alle einem Ziele entgegen.

§. 20.

Wenden wir uns nun von der Entwicklung desjenigen, was die philosophische Ansicht giebt, und was nach dieser geschehen muß, zu dem was geschehen ist, so ergiebt sich uns das höchst unerfreuliche Resultat, daß man noch sehr weit von einer Physiologie als Wissenschaft entfernt ist. In der Stofflehre der Pflanzen ist wenig, in der Lebenslehre fast gar nichts, in der Formlehre einerseits sehr viel, andererseits hingegen nichts gethan. Was man nemlich jetzt „Botanik" nennt, ist nur ein Drittheil der wissenschaftlichen Morphologie, nemlich die Morphoscopie (§. 17. 1.). An eine Pflanzenformgenesis und an eine mathematische Auffassung derselben Form ist noch nicht gedacht. Die Botaniker thun auch wirklich, als gehöre beydes nicht mit zu ihrer Wissenschaft. Sie haschen immer nur nach neuen Formen, suchen neue Pflanzen zu entdecken, und wenn sie dergleichen habhaft geworden, so ist eine empirische Auffassung und Beschreibung der Form die ganze Arbeit, die sie damit vornehmen. So darf es nicht bleiben! Die Botaniker müssen ihr Objekt auch genetisch und mathematisch erfassen, um so endlich einmal die Morphogenie und Morphometrie zu begründen und auszubilden. Zu einem solchen Unternehmen gehört aber mehr als zur jetzigen beschreibenden Botanik. Es wird dazu neben der Stoffkenntniß der Pflanzen auch die Kenntniß ihrer Lebensverhältnisse erfordert, die weil beyder Lehren selbst kaum da sind, schwer und nicht, ohne selbst Hand ans Werk zu legen, erworben werden. Die Stofflehre darf jedoch freymüthig das Bekenntniß von sich ablegen, hier der Formlehre mit Beyspiel vorangegangen zu seyn, indem sie bereits öffentlich unter dem Namen „Phytochemie" als ein Dreyeiniges von Spekulation, Empirie und Mathesis aufgetreten ist *) und sich auf dem Wege befindet, sich als solches zu beglaubigen. So muß es auch mit der Morphologie werden und wir wünschen von Herzen, daß recht bald ein Phyto-Morphologe (Botaniker), der der Sache gewachsen ist, die Prinzipien der Morphologie, die die Formbeschauung und Beschreibung (Morphoscopie) §. 17. 1.), die Formzeugung (Morphogenie

*) Vergl. erste Lieferung: „phytochemische Prinzipien."

§. 17. 2.) und Formmessung (Morphometrie §. 17. 3.) abhandeln, aus der Idee der Urform der Pflanze entwickle, und selbst durch Beyspiel die Möglichkeit einer solchen dreyfachen Behandlung der Pflanzenformen darlege. — Wir können nicht leugnen, daß uns hier die Namen eines Cassel und eines Nees von Esenbeck mit freudigen Hoffnungen erfüllen!

§. 21.

Das Verhältniß der jetzigen Botanik zur ganzen Phytologie und Phytochemie ist nun auch klar. Sie ist ein Drittel des Drittheils der Phytologie, also ein Neuntel derselben. — Zur Phytochemie verhält sie sich wie 1 : 3. Denn die Phytochemie, obgleich früher auch bloß empirische Stoffbeschauung (Stöchioscopie §. 16. 1.) hat jetzt die spekulative und mathematische Betrachtungsweise, wenn nicht ausgebildet, doch als ihr wesentlich erkannt (§. 20.), und besitzt somit zwey Theile mehr als die jetzige Formlehre (Botanik).

Anm. In der Hoffnung, daß die Botaniker weniger vom Eigendünkel als gewisse Chemiker geplagt sind, haben wir auch hier unsere Meinung unverholen und frey geäußert, und bitten Sie, das Gesagte als ein, uns von der Wissenschaft abgezwungenes, Bekenntniß zu betrachten.

§. 22.

Die Phyto-Biologie ist leider noch fast unbekannt und unbearbeitet. Das Pflanzenleben, das als ein immaterielles, untastbares Ding „Lebenskraft" genannt, als ein gleichsam über der Pflanze Schwebendes oder ihr nur oberflächlich Adhärirendes betrachtet ward, hat noch niemand mit Erfolg zu handhaben gewagt noch verstanden. Das Lebendige und Stoffige der Pflanze erschien den meisten Forschern als absolute Entgegensetzung, die zueinigen freventlich schien. Uns ist das pflänzliche Leben ein mit dem pflänzlichen Stoff Identisches und umgekehrt; nemlich einmal vorwaltend handelnd, ein andermal vorwaltend beharrend gesetzt (§. 9. 10.). Die Stofflehre wird zur Lebenslehre, wenn man sie von der idealen Seite her, auffaßt und umgekehrt wird die Lebenslehre zu jener, wenn man dem materiellen Substrate des Lebens (dem Stoff vorzugsweise seine Aufmerksamkeit schenkt. Was Saussure, Schrader, Link, John, Kieser, Oken, Grischow u. a. herrliches und folgenreiches für eine künftige Phyto-Biologie geleistet haben, davon ein andermal bey experimentellen Veranlassungen; denn Versuche sind es hauptsächlich, die hier fürs erste Noth thun.

Von den innern Verhältnissen der Phytologie wenden wir uns nun zu den äußern derselben.

§. 23.

Die Pflanze und der Complex der Pflanzen, das Pflanzenreich, ist Glied der großen, unendlichen Kette, Natur genannt. Es wird wichtig und nöthig für die Pflanze und ihr geistiges Abbild die Phytologie seyn, sie auch in dieser Gliederung zu betrachten, um so die Grenz- und Endpunkte der letztern fester zu begründen und ihr Verhältniß zu andern Individuen und ihren Betrachtungsweisen (Wissenschaften) näher zu bestimmen.

§. 24.

Kein Ding ist an sich, oder etwas für sich Bestehendes, sondern sein Entstehen und Beharren als solches ist nur in Bezug und auf Kosten anderer Dinge möglich. Eins geht zu Grunde, indem ein anderes sich gestaltet und dies Gestaltete wird sterbend wieder der

Anfang für ein Neues, in welchem es gleichsam seine Auferstehung, auf anderer Stufe der Entwicklung, feyert. Ueberall ist Leben und Tod zugleich vorhanden, Siegen oder Unterliegen, Verzehren oder Verzehrtwerden ist das Treiben und das Loos aller irdischen Dinge. Zwischen diesen beyden Extremen des Seyns und des Nichtseyns (Andersseyns), schwankt die unabsehbare Körperwelt im nimmer ruhenden und nimmer aufhörenden Wechsel auf und ab. Aus dem Veralteten bildet ein Neues sich hervor, um den Grundstein für ein noch Jüngeres abzugeben. Dies Verhältniß, das überall dem Auge des Forschers sich offenbart, stellt die Naturdinge in ewiger Feindschaft einander gegenüber und begründet einen Egoismus, der in jeder sogenannten Naturerscheinung sich auf besondere Weise manifestirt. Seinen Grund hat er in der Fortbestehungstendenz des Entstandenen, das nur durch Aneignung von Anderem fortbestehen kann. Was nicht frißt, wird selbst gefressen, was nicht unterwirft, wird selbst unterworfen! — Dies facht immerwährende Kriege unter den Naturkörpern an, die der ruhige, nicht mit in dem Kampfe selbst verflochtene, Zuschauer mit Wohlgefallen betrachtet, und mit dem Namen „Naturerscheinungen" bezeichnet. Sie sind ihrem Wesen nach Kämpfe, um das Höchste der Kämpfer, um ihre fernere Existenz. Es siegt entweder der eine oder der andere, oder sie zernichten sich beyde partialiter, wenn sie sich mit gleichem Kampfwerthe entgegentreten. Diese Verhältnisse beruhen, weil jedem Dinge schon wegen seines Daseyns Fortbestehungsstreben, also Vernichtungsstreben des andern zukommen muß, auf wechselseitige Einwirkung: Wechselwirkung.

§. 25.

Solchen Wechselwirkungen ist nun auch das Pflanzenreich als ein individuell Bestehendes Preis gegeben und giebt dadurch Anlaß zur Entstehung von Erscheinungen, die nach den in Wechselwirkung tretenden Faktoren verschieden sind. Die Kenntniß der Faktoren muß daher der Kenntniß der durch sie erzeugt werdenden Verhältnisse vorangehen. Das Pflanzenreich wechselwirkt aber wie jedes Ding mit dem ganzen Universum und das Produkt hieraus muß, nach den verschiedenen universellen Faktoren, verschieden seyn.

§. 26.

Das Sonnensystem als der uns am nächsten stehende Bestandtheil des Universums ist im centro-peripherischen Gegensatze als Sonne und Planet real geworden. Licht, Wärme, Finsterniß und Kälte sind die Hauptprodukte dieser in fortwährender Wechselwirkung begriffenen Gegensätze. Diese mehr im Ideellen befangenen solar-planetaren Prozesse wiederholen sich auf eine realere Weise als der Planet selbst in seinen Uranfängen oder Elementen: Erde, Wasser, Luft und ihren Combinationen: Mineralien, Pflanzen, Thiere und Menschen. Wir unterscheiden die erstern als cosmische, die mittlern als planetare und die letztern als cosmisch-planetare Agentien bey der Betrachtung der Wechselwirkung des Pflanzenreichs mit ihnen, das denselben als ein Reagirendes entgegentritt, und benennen die Wissenschaften oder Lehren, die den hieraus hervorgehenden Erscheinungen gewidmet sind, nach den sie zeugenden Faktoren.

I. Wechselwirkung der cosmischen Agentien mit der Pflanze und dem Pflanzenreich.

§. 27.

Das aus einer solchen Wechselwirkung hervorgehende Produkt ist cosmisch-pflänzlicher Natur die Wissenschaft derselben heißt demnach

Cosmo-Phytologie.

Sie zerfällt ihren Faktoren gemäß in vier Wissenschaften:

1. In die Photo-Phytologie. Handelt von den Lichteinwirkungen auf die Pflanzen und von den Pflanzengegenwirkungen aufs Licht. Ein unabsehbares Feld von Forschungen, die es mit dem Tag- oder solaren Leben der Pflanzen, also mit ihrem sogenannten „Wachen" zunächst zu thun haben. Dann gehört hieher die Verbreitung der Pflanzen, in so fern sie vom Licht abhängig ist, und endlich im speciellern das Leben der Blüte, des solaren Organismus der Pflanze 2c. Hieher wäre auch die Chromo-Phytologie, die den Einfluß des polarisirten (gefärbten) Lichts auf die Pflanzen zum Gegenstand hat, zu rechnen, wenn ihr bey künftiger Ausbildung nicht billiger eine besondere Stelle gebührte.
2. Thermo-Phytologie. Faßt die Wärmeeinwirkungen auf die Pflanze und ihre Reaktionen gegen dieselben wissenschaftlich auf. Hier steht die Verbreitung der Pflanzen, in so fern sie von der Wärme abhängt, oben an. Licht und Wärmeintensität haben zu einander die innigste Beziehung, daher auch die Verbreitung nach dem Lichte zu der nach der Wärme (Isothermlinien: von Humboldt.). Auch fürs Blütenleben kommt die Wärme als eine wichtige Potenz in Betracht.

3.

3. Skoto-Phytologie. Hat es mit der wissenschaftlichen Auffassung der Einwirkungen der Finsterniß auf die Pflanzen und aufs Pflanzenreich zu thun und findet wegen des hier als thätig auftretenden dem Lichte entgegengesetzten Faktors ihren Gegenschein in der Photo-Phytologie. Wie letztere das solare oder Tagleben der Pflanzen, das „Wachen" zu einem Hauptgegenstande ihrer Forschungen machte, so diese das planetare oder Nachtleben: das „Schlafen" derselben. Ein Verhältniß, das als ein positiver, dem Pflanzenwachen geradezu entgegengesetzter Zustand noch von Niemand ist gewürdigt worden. Diese Wissenschaft ist eine der wichtigsten der ganzen Cosmo-Phytologie: sie enthält den Schlüssel für das Nachtleben des Thiers und des Menschen. Die Laubpflanze und von den Bestandformen dieser, ist vorzüglich die Wurzel (der schroffeste Gegensatz der Blüte) der Finsterniß unterthan, daher ihre Lebensverhältnisse nicht ohne diese mächtige Potenz erkannt werden können. Nothwendig hat auch sie an der Verbreitung der Pflanzen Antheil, namentlich derjenigen, bey denen das Niedere, Planetare: die Wurzel ꝛc. vorwaltet (Cryptogamen).

4. Kryo-Phytologie. Macht sich gleich der vorhergehenden als eine ganz neue, noch völlig unerkannte Lehre geltend und behauptet mit der Nachweisung der Kälte als eine Position *) einen Gegensatz gegen die Thermo-Phytologie.

*) Wen das Aufführen der Finsterniß und der Kälte als positive dem Licht und der Wärme entgegengesetzte Faktoren befremden sollte, den ersuchen wir den wissenschaftlichen

II. Wechselwirkung der planetaren Agentien mit dem Pflanzenreich.

§. 28.

Da hier statt der cosmischen planetare Agentien in Wechselwirkung treten, so muß das Resultat auch ein mit planetarem Charakter seyn; die Wissenschaft dieser Verhältnisse heißt daher

Planeto-Phytologie.

Sie besteht, weil es nur drey planetare Agentien giebt, aus dreyen:

1. Aero-Phytologie. Erfaßt die Verhältnisse der Luft zur Pflanze und umgekehrt. Da die Luft überall lebendige Verhältnisse anfacht, die wir als elektrische *) unterschieden haben, so könnte diese Wissenschaft im allgemeinen Sinn auch Electro-Phytologie heißen. Wir sind nemlich weit entfernt, es den Physikern zu glauben, daß es nur ein E. oder höchstens zwey E. E. gäbe, sondern getrauen vielmehr mit Hülfe des indirekt dynamischen Reagens, der Nase eine Unzahl von E. E. nachzuweisen. Im Geruch stellt sich die Vielheit der Elektrismen oder Luftprozesse, wie im Geschmack die Vielheit der Chemismen oder Wasserprozesse, dem Gefühle dar. — Oken gebührt der Ruhm, die Funktion dieser Organe zuerst richtig gedeutet zu haben. — Daß das Athmen der Pflanze und andere

Beweis hiefür, wie wir ihn in Kiesers Archiv für den thier. Magn. 8vo. 2tes Stück, Leipzig 1821. gegeben, näher zu würdigen.

*) Vergl. „Phytochemische Prinzipien" in Ferd. Runge neueste phytochem. Entdeckungen rc., erste Lieferung. Berlin 1820.

Luftprozesse auch vor das Forum dieser Wissenschaft gehöre, versteht sich von selbst.

2. Hydro-Phytologie. Handelt die Einwirkung des Wassers auf den Pflanzenorganismus und seine Bestandformen ab. Diese Wissenschaft hat ein eben so großes Gebiet als die vorhergehende, indem sie die Unzahl der zwischen den Pflanzen und ihren Bestandtheilen möglichen Wasserprozesse, d. i. Chemismen, wissenschaftlich erkennen soll und hienach Chemico-Phytologie genannt werden könnte. Nimmt man hier den Wasserbegriff in einem allgemeinern Sinn, nehmlich in dem des Flüssigen, so wird man die Wichtigkeit der hier zu lösenden Aufgabe ermessen können, denn die Pflanze taucht einerseits immer im Flüssigen, wie sie andererseits immer vom Gasigen umgeben ist. Die ganze Phytochemie oscillirt zwischen den drey Aggregatzuständen: gasig, flüssig und fest, aber das Fluidisiren ist ihr doch das wichtigste Geschäft. — Wie der Aero-Phytologie die Betrachtung des Luftaneignens (Athmen) anheim fiel, so der Hydro-Phytologie die des Flüssigen (Verdauen und Einsaugen). Außer diesen besondern Verhältnissen des Wassers betrachtet diese Wissenschaft auch die allgemeinern desselben, die dem Botaniker (z. B. bey den Wasserpflanzen) von vorzüglichem Interesse sind.

3. Geo-Phytologie. Diese Wissenschaft wiederholt das im Vorhergehenden Gesagte in irdischer Sphäre. Der organische Zusammenhang der Pflanze mit dem Erdboden im Allgemeinen und Besondern, die Wechselwirkungen derselben mit den Repräsentanten des Erdelements, mit Mineralien und

anderem Festen ist ihr Objekt. Die Aktionen des Festen sind uns magnetische Aktionen. Es giebt so viele Magnetismen, als es feste verschiedene Körper giebt, die in Wechselwirkung treten, und daher auch eine unzählbare Menge pflänzlicher Magnetismen, die in der Geo-Phytologie abgehandelt, ihr auch den Namen einer Magneto-Phytologie vindiziren könnten. Genauer angesehen ist jedoch dies Gebiet viel zu weit gesteckt, indem Erdelement und Mineralreich zwey ganz von einander verschiedene Faktoren sind, die nicht verwechselt werden dürfen. Aber das Erdelement ist der unmittelbaren Forschung, bedeckt von der Mineralkruste, fast gänzlich entrückt und beurkundet nur noch sein Daseyn vermöge des, durch das Mineralreich hindurch wirkenden, allgemeinen Erdmagnetismus. Bey diesem kommen daher die Einwirkungen des Mineralreichs immer mit ins Spiel, so, daß die Lehre von der Einwirkung des letztern auf die Pflanzen: Orykto-Phytologie (§. 29.) mit der Geo-Phytologie abgehandelt werden muß.

III. Wechselwirkung der cosmisch-planetaren Agentien mit dem Pflanzenreich.

§. 29.

Die Mineralien, die Pflanzen, die Thiere und die Menschen zählen wir zu diesen Agentien. Sie sind Zeugungen von Sonne und Planet, Produkte der oben (§. 26.) angeführten Faktoren, also in Wahrheit cosmisch-planetarer Abkunft. Auf ihre Genesis können wir uns hier nicht einlassen, sondern haben dazu einen andern Ort *) bestimmt, wo sie zum Theil schon gegeben worden. Daß das Pflanzenreich in Wechselkampf mit diesen Faktoren gleichfalls eigenthümliche Verhältnisse producire, die in der Erscheinung sich auf eine ihnen entsprechende Weise darstellen, ist an sich klar, wenn man bedenkt, daß nichts ruhend neben einander, sondern alles wechselwirkend durch einander gedacht werden müsse. Es verräth sehr geringe Einsichten vom Wesen und Wirken der Dinge, zu meynen, daß die Wand, woran z. B. die Pflanze emporrankt, oder das Mineral, das ihren Stamm oder ihre Wurzel berührt, oder das Thier, das auf ihr seinen Wohnort nimmt — daß alle diese bloß mechanisch auf sie einwirkten und ihr keine anderen als grobsinnliche Veränderungen beybrächten. Die polaren Verhältnisse, die sich dem Forscher im Voltaismus offenbaren, in welchem sich die Natur mit ihrer ganzen Lebendigkeit entfaltet, und auch nicht das Geringste sich berühren darf, ohne polare Verhältnisse gegenseitig anzuregen — belehren den, der nur sehen will, genugsam eines andern. Es darf, von diesen Ansichten ausgehend, also nicht befremden, wenn wir dies Capitel hier zur Sprache bringen, und außer dem Mineralreich auch den Thieren und den Menschen eine höhere Einwirkung auf das Pflanzenreich zuschreiben als man gewöhnlich zu thun pflegt. Die Wissenschaft, die dies alles zusammenzufassen hat, bekommt nothwendig ihren Namen nach den Faktoren, die dieses ihr Objekt ins Daseyn rufen; sie heißt demnach

*) Kiesers etc. Archiv für den thier. Magnetismus. 8r Bd. 2tes St. Leipzig bey Herbig 1821.

Cosmo-Planeto-Phytologie.

Sie besteht aus einer Vierzahl von Wissenschaften, die wir in ihren Grundzügen jetzt zeichnen wollen.

1. Orykto-Phytologie. Giebt die Beziehungen des Minerals zur Pflanze und umgekehrt in einem der Wissenschaft angemessenen Gewande. Ihr Gebiet ist nothwendig sehr groß, weil die Pflanze vermöge ihres natürlichen Verhältnisses mit einem großen Theil ihres Organismus dem Mineralreich anheim gegeben ist. Eines Theils führt die Wurzel ein rein mineralisch-pflänzliches Leben, das nur durch eine richtige Würdigung derjenigen Wechselverhältnisse, die das Mineral anzufachen im Stande ist, erkannt werden kann. Die Wurzel ist unterirdische Pflanzenkrone, die gleich der überirdischen dem Lichte entgegenwächst — aber einem dem Sonnenlichte entgegengesetzten Lichte. — Frucht und Samen als der revolvirenden, der dem Planeten sich wieder zuwendenden andern Lebenshälfte der Pflanze (Cap. II. §. 37. 39.) angehörig, streifen auch vorzugsweise ins Gebiet dieser Wissenschaft mit hinüber und finden hier erst die vollkommene Deutung ihres merkwürdigen Lebenslaufs. Der dem pflänzlichen Wachen sich als Gegensatz gegenüberstellende pflänzliche Schlaf, so wie das dem sommerlichen entgegengesetzte winterliche pflänzliche Lebensstadium, gehört gleichfalls hieher, wie nicht minder auch der Hauptsache nach alles dasjenige, was man unter Pflanzengeographie begreift, die, in so fern sie vom Boden (dem Mineralreich) abhängt, in ihren Grundverhältnissen nichts anderes ist als (um uns einer vom Menschen hergenommenen Bezeichnung zu bedienen) — Pflanzenrhabdomantie! Die

Pflanze ist unter allen organischen Wesen der beste Erd-, Stein- und Metallfühler!

Da Erdelement und Mineralreich sich erweislich wie Mutterpflanze und Parasit verhalten *), und folglich das Mineralreich so sehr ins Erdelement eingreift, daß ihre Wirkungen nirgend geschieden auftreten, so findet, wie schon oben (§. 28. 3.) angeführt, das nicht zu verhindernde Eingreifen der Geo-Phytologie in die Orykto-Phytologie und umgekehrt statt.

2. Phyto-Phytologie. Ist die Wissenschaft vom Wechselverhältniß der Pflanzen miteinander. Das Pflanzenreich muß als ein großer Organismus angesehen werden, dessen constituirende Theile die Pflanzenfamilien, Gattungen und Arten sind. In jeder concreten Pflanze findet dieser Pflanzenreichs-Organismus sein Ebenbild, so, daß letzterer im Großen wiederholt, was plastisch die Pflanze im Miniatür darstellt. Der organische Zusammenhang, das sympathetische und antagonistische Verhältniß der Bestandformen der kleinen Pflanze, kehrt daher auch in der großen Pflanze (Pflanzenreich) wieder. Die wissenschaftliche Erkennung beyder, ist die Aufgabe der Phyto-Phytologie. Sie ist, was den organischen Zusammenhang der Theile der großen Pflanze (Pflanzenreich) betrifft, noch beynahe völlig unerkannt nnd unbearbeitet, weil eines Theils die meisten Pflanzenforscher die Identität derselben mit der kleinen Pflanze nicht erkannten und man andern Theils noch zu sehr beschäftigt war, den chaotischen Haufen der Pflanzen fürs erste in kleinere Grnppen (natürliche Familien) zu ordnen. Dies ist

*) Vergl. unsere Abhandl. in Kiesers Archiv etc. 8r Bd. 3St.

nun zwar, so weit es der Mangel eines ordnenden Prinzips gestattete, geschehen, aber die Hauptsache fehlt noch: die systematische Zusammenstellung der natürlichen Familien. Alle natürlichen Pflanzensysteme sind bis auf das Okensche willkührlich, also prinziplos (zweites Cap. §. 76.). Oken hat das Verdienst, die Aufführung des wissenschaftlichen Pflanzensystems, wozu Kieser den Grund gelegt, versucht zu haben, obwohl wir zugleich behaupten müssen, daß es Ihm nur halb gelungen. Dies brachte die theilweise Mißkennung des pflänzlichen Metamorphosenlaufs mit sich. (Cap. II. §. 57.) — Mit der richtigen Erkennung der Metamorphose der kleinen Pflanze und der wissenschaftlichen Würdigung des Verhältnisses und Zusammenhangs der Theile derselben (was bisher Objekt der Pflanzen-Physiologie war, jetzt aber richtiger der Phyto-Phytologie überlassen seyn muß) kurz mit der systematischen Auffassung der kleinen Pflanze, ist auch alles dies: der Metamorphosengang des Pflanzenreichs, das Verhältniß und der Zusammenhang seiner Theile (Familien, Gattungen, Arten), kurz das Pflanzenreich-System gegeben. (Vergl. Cap. II. „die Metamorphose der Pflanzen rc." §. 60 f.)

Das gegenseitige Verhältniß der Pflänzchen, Systeme, Organe rc. der kleinen Pflanze, was man in der Pflanzen-Physiologie wohl als Antagonismus und sympathetische Uebereinstimmung unterschied z. B. das Steigern der Blüte auf Kosten des Laubpflänzchen, das der Frucht auf Kosten der Blüte und das des Samens auf Kosten der Frucht. Das Vorbilden der Kelchblätter in den Wurzelblättern, das Entstehen von größerem und reifem Samen beym verhinderten Wuchern der Wurzel ꝛc.; das wechselseitige Herausschießen der Blätter (folia opposita), die Äststellung, der Blütenstand ꝛc., alles dies gehört der Phyto-Phytologie an, die es, rein von allen Beymischungen, blos mit dem zu thun hat, was die Pflanze und das Pflanzenreich in ihren inneren Verhältnissen angeht. Sie hat daher die Pflanze in allen ihren Entwicklungsmomenten zu belauschen, um die Zeichen zu deuten, die in jeglicher Form real worden, und um die Sprache verstehen zu lernen, womit die Pflanze Jeden anredet, der sich ihr nähert. Denn jede Pflanzenform ist ein Buchstab, ein Wort. Aber ein hieroglyphischer Buchstab, und ein hieroglyphisches Wort, nur dem Eingeweihten verständlich! Der ganze Pflanzenorganismus ist ein Nothwendiges, durch sich selbst in allen seinen Theilen Bedingtes. Kein Bildungstheil desselben steht außer Zusammenhang mit den übrigen. Es waltet durchaus ein Durch- und Ineinanderseyn zwischen allen seinen Theilen. Mit einem Theil sind daher alle Theile der Möglichkeit nach, gegeben. Eine knollige Wurzel, ein knotenloser Schaft, ein gefiedertes Blatt, eine apetale Blume ꝛc. setzten entsprechende Unterschiede in den übrigen Pflanzentheilen, die aus ihnen entstehen. Von einer entstandenen Form aus müßte man daher die kommende vorherbestimmen und vorhersagen können, wenn man in dem gegebenen Fall im Stande wäre, die gegenwärtige in ihrer ganzen Wesenheit aufzufassen. Allein wir wissen ja kaum vom Daseyn dieser Pflanzensprache, die bisher nur in einzelnen, abgebrochenen Lauten sich vernehmen ließ. Hier spricht ein acotyledonischer Same: „in mir ist keine Kraft, den ganzen Metamorphosencyklus, wie ihn mein dicotyledonischer Bruder aus sich herausbildet, zu beschreiben, ich bringe es daher nur bis zum Laub, das mein Höchstes ist." Dort läßt sich ein Monocotyledon vernehmen, daß er in vielen Fällen im Stande sey, die Blütenmetamorphose zu erringen, aber er ist bescheiden genug, sein Produkt kein vollkommnes zu nennen. Ein gefiedertes Blatt redet dich an und verspricht dir in kurzer Zeit einen Blütenschmetterling (flos papilionaceus) entschlüpfen zu lassen, den es unter seinen Fittigen birgt; ein Kätzchen-Blümchen erinnert dich vorbedeutend an die Nuß, die da kommen soll und diese Kreuzblume sagt: „in Schoten sollst du den Samen, der meine Wiedergeburt möglich macht, einernten," indeß jene Frucht durch ihr saftiges, fleischiges Laub (Schale) warnend den harten, steinigen Inhalt verkündet, der der Einwirkung der sie verzehrenden Gewalt trotzt. Solche Laute der Vorbedeutung verstehen wir wohl, aber sie verschwinden in nichts, wenn man an die Millionen im Pflanzenreich dem Forscher zur Enträthselung aufgegebenen Hieroglyphen denkt, die jede Blattform, jede eigenthümliche Blütenbildung, jede Zahl der Fruchttheile, kurz jeder Pflanzentheil verkörpert. Was weissagt der frühe Blattfall bey der Acacia? Welche Beziehungen vermittelt das Delta beym Dianthus (Delt.), die sieben Purpurstreifen bey Viola tricolor? Worauf deuten die gestielten Drüsen bey Parnassia, das eine kleinere Blumenblatt bey Veronica, die braunen (brandfarbenen) Kelchspitzen bey Senecio, und alle jene unzählbaren Phänomene, die stündlich und täglich dem aufmerksamen Pflanzenbeobachter vorüberschreiten? — Wenn die Phyto-Phytologie über alles dieses erst Rede und Antwort stehen kann, dann ist sie, was sie seyn soll: Semiotik der Pflanze!

3. Zoo-Phytologie. Handelt das Verhältniß des Thiers zur Pflanze und der Pflanze zum Thier und ihr wechselseitiges Ineinanderwirken ab. Hier kommen schon höhere, dynamische Verhältnisse zum Vorschein, die beym Wechselwirken zwischen Pflanze und Pflanze (Phyto-Phytologie) schon angedeutet waren. Vor allem hat diese Wissenschaft jene merkwürdigen Beziehungen zu enträthseln, die durch den sogenannten Instinkt der Thiere, eine bestimmte Pflanze vorzugsweise zu ihrer Nahrung zu wählen oder zu verabscheuen, sich kund geben. Der Grund für diese Erscheinungen muß in der Pflanze ebensowohl als im Thier gesucht werden, ein einseitiges Handeln findet auch hier nicht statt. Könnte man dem Gras, in dem Moment, da sich das Rindvieh ihm nähert, Locomotivität ertheilen, so würde es sicher davon laufen, gleichwie dieses sich abwendet, wenn man ihm statt des Grases ein Tollkraut vorhält. Im erstern Fall ist die Pflanze mehr passiv, im letztern mehr aktiv, das Sinnorgan des Thiers auf ganz eigenthümliche, einmal mehr harmonische, ein andermal mehr disharmonische Weise affizirend. Hiemit in naher Beziehung stehend sind die Fakta über das Vorkommen vieler eigenthümlichen Insekten auf bestimmten Pflanzen, an deren Entstehen auch das ihrige gekettet ist, und so auch an deren Vergehen das ihrige. Nach einer höhern Ansicht verhalten sich diese Insekten zu den Pflanzen, die sie bewohnen, wie die Pflanze zum Boden: sie sind Pflanzenparasiten, die nach Willkühr ihre Wurzel da und dorthin

senken und den Ruin ihrer Herberge begründen. —

Im Speciellen kehrt etwas Aehnliches auf untergeordnete Weise wieder. Es ist die Wahl der Nahrung von Seiten der Pflanze. Ihre Haupttendenz geht auf Mist, das Produkt des niedersten Systems im Thier. Thierwurzel (Darm) und Pflanzendarm (Wurzel) greifen hier wechselwirkend in einander und bezeugen durch Produziren des Mistes einerseits und durch Assimilation derselben andererseits den merkwürdigen Zusammenhang, der zwischen ihnen statt findet. Die wahre Natur des Mistes ist noch gänzlich unbekannt, und kann nur nach dieser Idee, mit Hülfe der Pflanzen gefunden werden, die dafür unersetzliche Reagentien abgeben.

Wir zeichnen das Feld dieser Wissenschaft nicht weiter; aus dem Angeführten sieht man schon, welche Ausdehnung es hat und was zu leisten ist.

4. Anthropo-Phytologie. Fällt, in so fern der Mensch auch Thier ist, mit der Zoo-Phytologie zusammen. Aber der Mensch ist ein sich seiner bewußtes Thier mit Willensfreyheit. Die Wissenschaft von der Einwirkung des bewußten Willens des Menschen auf die Pflanze würde also hier ihre wahre Stelle finden und mit der Anthropo-Phytologie zusammenfallen. Ueber das Daseyn einer solchen Einwirkung ist man noch streitig, wie vielmehr muß man es nicht noch über die Wissenschaft von derselben seyn. Wir können über beydes hier nicht entscheiden, wollen aber doch die Gegner bitten, die Verfahrungsarten, die man „Kultiviren" nennt, etwas weniger mit mechanischem und mehr mit menschlich-dy-

namischen Blick anzusehen, sie werden dann die unzweifelhafte, für ihre Ansicht sehr wichtige Erfahrung machen: daß es manchem Gärtner in der Erzielung vieler Gewächse ungemein glückt, indeß sich ein anderer ceteris paribus umsonst müht.

Daß bey einer Wissenschaft von der Cultur der Pflanzen durch den Menschen, vorzüglich hier, wo man die freythätige Willensäußerung mit in Anschlag bringt, alle übrigen Verhältnisse, Boden, Nahrung, Klima, Atmosphäre ꝛc. zu berücksichtigen sind, versteht sich von selbst.

Ein Hauptkapitel dieser Wissenschaft ist noch die Einwirkung der Pflanze auf den Menschen, einmal mehr realiter (stoffig), ein andermal mehr idealiter (geistig). Das Erstere giebt jeder zu, die ernährenden, vergiftenden und arzneyenden Pflanzen im Gedanken habend, das letztere möchte jeder bezweifeln, auf den magnetischen Baum als eine Charlatanerie hindeutend. Es ist hier der Ort nicht, über diese Sache ins Einzelne zu gehen, jedoch ersuchen wir die Zweifler, sich vor allen Dingen die Frage zu beantworten: ob es möglich sey, daß zwey Dinge sich neben einander befinden, ohne nicht auch zugleich in einander zu seyn, d. h. ohne auf einander einzuwirken? — Mit unserer Ansicht ist ein Ruhendes, Unthätiges als irrational unverträglich. Alles ist wechselwirkend, desto schwächer, je ferner, desto stärker, je näher sich die Faktoren kommen; und so begründen auch Pflanze und Mensch eine Wechselwirkung, deren Wesen darin besteht, daß die Pflanze den Menschen sich aneignen und zur Pflanze machen will. —

§. 30.

Mit dem Menschen schließt die Kette der Wesen, und somit auch die Pflanze ihre Wechselverhältnisse. In der Anthropo-Phytologie ist das Pflänzliche mit dem Höchsten, dem Menschlichen, gepaart. Etwas höheres giebt es für sie nicht, daher steht auch die Entstehung der Wissenschaften mit der Erzeugung jener an ihrem Ziele.

§. 31.

Alle hier durch Wechselwirkung der Pflanze mit den drey Agentien erzeugten Verhältnisse und ihre Wissenschaften stehen nun nicht wie Einzelheiten neben einander, wie sie hier Behufs der Darstellung aufgeführt worden, sondern durchdringen sich zu einem Ganzen, und dieses Ganze ist die Phytologie, die nach den drey Erscheinungsweisen der Pflanze entwickelt, in die drey Wissenschaften: Phyto-Biologie, Morphologie und Stöchiologie zerfiel (§. 13.), hier aber nach den Wechselverhältnissen mit den cosmischen, mit den planetaren und mit den cosmisch-planetaren Agentien in einer Vielheit von Wissenschaften sich realisirte.

Ungeachtet der hieraus scheinbar hervorgehenden Verschiedenheit der auf zwey so entgegengesetzten Wegen erhaltenen Resultate in beyden Fällen, sind sie doch keinesweges verschieden, sondern sich völlig congruent, dergestalt, daß die aus Bio-, Morpho- und Stöchiologie bestehende Phytologie ganz dieselbe ist wie die deren Bestandtheile als Photo-, Thermo-, Skoto-, Kryo-, (§. 27. 1. 2. 3. 4.) Geo-, Hydro-, Aero-, (§. 28. 1. 2. 3.), Orykto-, Phyto-, Zoo- und Anthropo-Phytologie (§. 29. 1. 2. 3. 4.) aufgeführt wurden. Es kommt zur wissenschaftlichen

Begründung dieser Ansicht nur darauf an, daß man das Prinzip der Phytologie consequent verfolge, und vom Allgemeinen ausgehend, zum Einzelnen gelange, oder mit dem Einzelnen beginnend, zur Allgemeinheit, zur Idee sich erhebe. Auf solche Weise treten dann die scheinbar sich fremd gegenüber stehenden Wissenschaften zu einer Einheit zusammen, die dem Forscher die Phytologie in dem Bilde eines sich vielfach verzweigenden Baums (vergleiche die Tafel I.) sehen läßt.

§. 32.

Alles empirische Forschen ist nemlich zunächst nichts weiter als die Beobachtung derjenigen Phänomenen, welche die Naturkörper, mit einander wechselwirkend, zeugen. Die Qualität und Quantität dieser Ausgeburten der Naturkörper („Naturerscheinungen") richtet sich daher nach ihren Aeltern, so daß mit der Combinirung aller möglichen Wechselverhältnisse, zu deren Zeugung die Naturkörper fähig sind, auch das Quantum des durch empirisches Forschen möglicher Weise zu Beobachtenden gegeben ist. — Jeder Forscher hat sich daher, damit er die Gränzen seiner Wissenschaft übersehe, um die Anzahl der daseyenden Faktoren zu bekümmern, die alle mit dem Objekte seiner Wissenschaft wechselwirkend, und dadurch Naturerscheinungen zeugend, auftreten können. Hiedurch angeregt, lag es nun auch uns ob, der Naturkörper und ihrer Einflüsse auf die Pflanze und aufs Pflanzenreich zu gedenken, wodurch uns denn die (von §. 27. an) genannten Wissenschaften entstanden. Aber bey jenen Untersuchungen wurde das Pflanzenreich und die Pflanze nur im Allgemeinen, nur der Idee nach, ohne ihre drey Erscheinungsweisen: Leben, Stoff und Form — nur als der eine Faktor aufgeführt, und das Resultat war auch nur für jeglichen Fall eine Einheit, die aber real werdend, sich als ein Dreyeiniges von Bio-, Stöchio- und Morphologie manifestiren muß, was auch schon durch den Beysatz „Phytologie" (z. B. Photo-, Thermo-, Geo- ꝛc. Phytologie, die selbst jene Dreyheit in sich enthält, angedeutet ist.

§. 33.

Es wird sonach eine jede der genannten Wissenschaften ihrem phytologischen Vorbilde gemäß in drey Theile zerfallen, wovon der erstere das Leben, der zweyte den Stoff, und der dritte die Form zum Gegenstande seiner wissenschaftlichen Aufgabe hat. Als Beyspiel führen wir hier die Photo-Phytologie (§. 27. 1.) an, die sich diesemnach folgendermaßen abtheilt:

1. in die Wissenschaft, welche den Lichteinfluß auf das Leben der Pflanze abhandelt, sie könnte heißen: Photo-Biologie;
2. in die Wissenschaft, die den Lichteinfluß auf den Pflanzenstoff zum Gegenstande hat: Photo-Stöchiologie;
3. in die Wissenschaft, die den Lichteinfluß auf die Pflanzenform zum Objekt ihrer Forschungen hat: Photo-Morphologie.

§. 34.

Daß diese drey Wissenschaften nun erst dadurch zu Wissenschaften werden, daß sie wiederum in die Dreyheit von Spekulation, Empirie und Mathesis zerfallen, ergiebt sich als nothwendig aus allem Vorhergehenden. Auch diese wollen wir als Beyspiele noch namentlich aufführen:

1. die

1. Die Photo-Biologie hat
   a. eine empirische Seite: Photo-Bioscopie.
      Beobachtet die Lichteinflüsse aufs Leben.
   b. Eine spekulative: Photo-Biogenie.
      Deduzirt ihre Nothwendigkeit.
   c. Eine mathematische: Photo-Biometrie.
      Wägt ihre Verhältnisse gegen einander ab.
2. Die Photo-Stöchiologie besteht auch
   a. aus Photo-Stöchioscopie.
      Sie wandelt den empirischen Weg.
   b. Aus Photo-Stöchiogenie.
      Erhebt sich in die Regionen der Spekulation.
   c. Aus Photo-Stöchiometrie.
      Mißt und zählt die Resultate beyder vorhergehenden.
3. Photo-Morphologie ist gleichfalls:
   a. Photo-Morphoscopie.
      Die Wechselwirkung zwischen Licht und Form beschauend.
   b. Photo-Morphogenie.
      Dieselbe Wechselwirkung in der Idee zeugend: genetisch entwickelnd.
   c. Photo-Morphometrie.
      Die Produkte der Beschauung und die Produkte der Genesis messend und auf Verhältnisse reduzirend.

So zerfällt nun auch die Thermo- ꝛc. Phytologie. —

§. 35.

Jetzt wird das Schema (die Tafel I.), durch welches sich die scheinbar getrennten Glieder der Phytologie zu einem organischen Ganzen fügen, verständlich seyn. In diesem ist die Phytologie als ein

Baum versinnlicht und so wie dessen Theile innig zusammenhangen und aus einander entstehen, so auch bey jener. Das Ganze entwickelt sich aus der Wurzel der Phytologie, die gleichwie die Baumwurzel Stamm nebst Aesten, Blättern und Blüten ꝛc. in sich enthält und aus sich evolvirt, gleichfalls Stamm, Aeste, Blätter und Blüten treibt, die sich als die genannten Wissenschaften realisiren. Zuerst zerästelt sie sich dreyfach: in die Bio-, Stöchio- und Morphologie. Jeder dieser Aeste treibt wieder drey: Spekulation, Empirie und Mathematik und endlich kommt es zur Verzweigung und so zur Blüte; womit denn der phytologische Baum sein Endziel erreicht.

§. 36.

Dies alles giebt uns nun die Phytologie, wie sie sich im Allgemeinen der Idee nach entwickelt. Es sollte hiedurch vorzüglich **ihr Umfang und der innige, nothwendige Zusammenhang ihrer Theile gezeigt** und gleichzeitig in beschaulicher Begränzung dem Forscher **das zu bearbeitende Feld** vor den Sinn gestellt werden. Alles in dieser Beziehung Vorgebrachte stellt nun die Phytologie als eine unbestimmte Größe dar; ist dieselbe in abstracto, wobey uns denn zugleich die Frage in den Weg kommt, wie sich denn die Phytologie in concreto mache, oder, ob mit andern Worten diese Phytologie auf eine bestimmte Pflanze bezogen, sich gleichfalls auf die dargestellte Weise verwirkliche? Die Phytologie kann als die Wissenschaft oder als das Wissen von der Pflanze nur das geistige Abbild, der geistige Reflex der Pflanze im Menschen seyn, so daß die Lehre von der Pflanze mit der Pflanze selbst zu einer Einheit zusammenfließt, indem sie sich wie Ideales zum Realen verhalten und also nur verschiedene Ausdrücke und Formen für ein und dasselbe sind, einmal auf geistige Weise (Pflanzenwissenschaft), ein andermal auf reale (Pflanze als solche). Es kann daher gar keinem Zweifel unterworfen seyn, wie die Phytologie in concreto, d. h. als die Wissenschaft von einer bestimmten Pflanze sich gestalte? Sie gestaltet sich wie die Pflanze selbst. Wenn nun aber diese ihren Metamorphosengang in der Form einer Ellipse beschreibt (wie sich im folgenden II. Cap. zeigen wird), so wird auch die Phytologie auf gleiche elliptische Weise rotiren und im geistigen Abdruck die Entwicklungs- und Rückwicklungsmomente der Pflanze wiederholen. In dieser phytologischen Pflanzenellipse kehrt dann das (Tafel I.) gegebene Schema auf mehrfache Weise und zu einer Ellipse innig verschlungen wieder, so daß man das Ganze füglich als mehrere, aus einem Mittelpunkt entspringende, sich vielfach verzweigende und in dieser Verzweigung das Bild der Ellipse wiederholende, die verschiedenen Wissenschaften der Pflanzentheile gleichsam verkörpernde, Bäume sich vorstellen kann (siehe die Tafel III. und vergleiche Cap. II. „Metamorphose der Pflanze").

§. 37.

Die Lehre von der Pflanze zur Wissenschaft zu gestalten, ist schon das Streben mehrerer Forscher gewesen. Diese sind Oken, Kieser und neuerdings Nees von Esenbeck.

§. 38.

Oken nennt die Wissenschaft von der Pflanze und dem Pflanzenreich: Phytosophie. Diese zerfällt ihm:

1. in die Phytogenie. „Stellt die Entwicklungs-geschichte der einzelnen Pflanzen dar"*);

2. in die Phytologie. Ist demselben Pflanzen-physiologie **);

3. in die Phytognosie. „Handelt die Gestaltung ab, wodurch das Pflanzenreich entsteht" ***).

Hier sind die Entwicklung oder Entstehung, das Leben und die Gestaltung zu Eintheilungs-prinzipien gewählt, wonach nie ein wissenschaftliches Ganzes sich gestalten kann, wenn dieses — was Oken gewiß zugiebt — das treueste Abbild des Objektes auf ideale, geistige Weise wiedergeben soll (§. 6.). Nach diesen Forderungen kann die Wissenschaft von der Pflanze rc. nur nach ihren drey Erscheinungsweisen (§. 7—14) dargestellt werden, und dann fällt die zweyte Abtheilung bey Oken: die Phytologie mit unserer Phyto-Biologie (§. 15.), die dritte: die Phytognosie mit unserer Phyto-Morphologie (§. 17.) zusammen, indeß die erstere: die Phytogenie als Hauptabtheilung ganz wegfällt und ihre Stelle von der Phyto-Stöchiologie, die Oken ganz vergessen zu haben scheint, eingenommen wird. Das Letztere ist es eigentlich, was wir an der Okenschen Eintheilung auszusetzen haben, denn die andern Namen der beyden erst genannten Wissenschaften thun nichts zur Sache, obwohl sie nicht glücklich gewählt sind. Das Genetische als Aufgabe der spekulativen Forschung bildet zum Empirischen und Mathematischen einen Gegensatz.

*) Lehrbuch der Naturphilosophie. Jena 1810. II. p. 45. §. 1000.

**) Ebendas. p. 99. §. 1328 f.

***) Ebendas. p. 123.

Wollte man es, wie hier geschehen, zu einer der Hauptabtheilungen erheben, so müßte ein Gleiches mit letztern vorgenommen und auch eine Phytographie oder Phytognosie und Phytometrie der Phytogenie zur Seite gestellt werden. — Man kann allerdings auch nach den Wegen, welche die Forschung einschlägt, die Haupteintheilungen der Pflanzenwissenschaft machen, und hernach erst die formale, lebendige und stoffige Seite jeglicher Abtheilung herausheben, man bekäme dann

1. spekulative Pflanzenwissenschaft: Phytogenie;
2. empirische Pflanzenwissenschaft: Phytographie, Phytoscopie oder Phytognosie;
3. mathematische Pflanzenwissenschaft: Phytometrie;

aber wenn man dieses thut, so können die Phytologie, welche nach Oken das Leben betrachtet, und die Phytognosie, welche die Gestalt und Form zum Objekt hat, nicht einen mit jenen gleichen Rang einnehmen, sondern bekommen Plätze als Unterabtheilungen.

§. 39.

Kiesers Eintheilung der Pflanzenwissenschaft, die derselbe Phytonomie nennt, ist eine mit unsern Hauptabtheilungen identische, nemlich

1. Phytotomie = unserer Phyto-Morphologie;
2. Phytophysiologie = unserer Phyto-Biologie;
3. Phytochemie = unserer Phyto-Stöchiologie;

nur mit dem Unterschiede, daß Kieser noch eine vierte Wissenschaft, die Phytopathologie, aufführt, die aber als den Rückschritt der Form, des Stoffs und des Lebens der Pflanze bezeichnend, allen dreyen angehört, und als ihre Revolutionsseite zu betrachten ist. Ins Specielle ist Kieser nicht gegangen, aber es läßt sich nach dessen anderweitigen Ansichten erwarten, daß Er uns auch darin zuvorgekommen seyn würde. —

§. 40.

Nees von Esenbeck theilt die Pflanzenkunde (Botanik), die demselben „Wissenschaft von den Pflanzen" *) ist, zunächst ganz richtig in die spekulative und empirische **); hat aber die nothwendig beyde Pole einigende Indifferenz, die nach unserer Ansicht nur die Mathematik (§. 14.), die Wissenschaft vom gegenseitigen Verhältniß der Dinge, seyn kann — wenigstens bey dieser Eintheilung übersehen.

Der fernern Eintheilung der Pflanzenwissenschaft nach der zeitlichen und räumlichen Existenz der Pflanze ***) scheint uns einestheils die innere wissenschaftliche Nothwendigkeit zu fehlen, und derselben anderntheils eine nicht ganz richtige Ansicht von den Existenzweisen der Pflanze zum Grunde zu liegen. Für die räumliche Existenz, die doch nur als das Materielle, den Stoff der Pflanze, sich manifestiren kann (Cap. II. §. 4.), ist die nach außen und innen sich abgränzende Form (Umgränzung, Bildung, Textur, Struk-

---

*) Dr. C. G. Nees von Esenbeck Handbuch der Botanik, 1. B. Nürnberg 1820. p. 58. §. 49.

**) Ebendas. §. 52.

***) Ebendas. p. 59. §. 54 f.

tur) genommen *), die doch unserer Ueberzeugung nach nur als der Uebergang, die Indifferenz zwischen dem räumlichen (stoffigen) und zeitlichen (lebendigen) Pflanzendaseyn angesehen werden kann (Cap. II. §. 4. 5.), eine Ansicht, die schon früher namentlich sehr bestimmt von Eschenmayer **) ausgesprochen wurde.

Gegen das unter der „zeitlichen Existenz" Aufgestellte haben wir in der Hauptsache nichts einzuwenden, nur daß Entwicklung und Erhaltung im Grunde zusammenfallen, indem das sich Entwickelnde sich fortbildend erhält und das sich Erhaltende sich nothwendig entwickeln: vergrößern, d. i. anderes aneignen muß. Ueberhaupt kann das Aeußere und Innere nie den Grund zu durchgreifenden Eintheilungen abgeben, da doch alles Aeußere zugleich ein Inneres, und alles Innere zugleich ein Aeußeres ist.

Die nach dieser Ansicht von den beyden Existenzweisen der Pflanzen hergeleiteten, die Pflanzenkunde, nach Nees von Esenbeck, constituirenden Wissenschaften beweisen endlich deutlich, daß dieselbe nicht die richtige seyn kann, indem nur Morphographie, Anatomie, Morphologie und Physiologie als solche anerkannt werden ***), wobei aber die arme Pflanzenchemie (Phyto-Stöchiologie Cap. I. §. 16.) schlecht wegkommt, der bey dieser Gelegenheit gar keine Erwähnung geschieht. Dann sind die genannten vier Wissenschaften keinesweges gleichwerthig, ja nicht einmal ganze Wissenschaften, sie können daher unmöglich als solche neben einander gestellt werden. So ist die von

*) Ebendas. p. 59. §. 55.

**) Eschenmayer: Psychologie. Tübingen.

***) Am angeführten Orte §. 57.

Nees v. E. Morphographie genannte Lehre augenscheinlich nichts weiter als die ein Drittheil, der von uns (Cap. I. §. 17.) aufgeführten Morphologie ausmachende empirische Formlehre (Morphoscopie Cap. I. §. 17. 1.), die das Aeußere, Periphérische betrachtet, und fällt, da dieses doch nur durch das Innre, Centrale getragen wird, nothwendig mit der Anatomie zusammen, die daher nicht als eine von jener unterschiedene Wissenschaft aufgeführt werden darf, sondern beyde gehören einer Wissenschaft an, in der sie dann als Abtheilungen aufzuführen sind.

Die von Nees v. E. *) „Morphologie" genannte, die Lebensgeschichte der Pflanze betrachtende Lehre, welche die Metamorphose der Pflanze zum Objekt hat, ist, wie wir das (Cap. II. „Metamorphose der Pflanzen") erwiesen zu haben glauben, die ganze Phytologie in ihrer bestimmten, concreten Erscheinung (Cap. II. §. 52 f.), indem ja die Metamorphose nicht allein in der formalen Erscheinungsweise der Pflanze, sondern auch in ihrer realen (stoffigen) und idealen (lebendigen) vor sich geht (Cap. II. §. 5.), und daher diese von N. v. E. Morphologie oder Lehre von der Metamorphose genannte Entwicklungsgeschichte der Pflanze, von welcher noch die Lehre von der Erhaltung, die N. v. E. Physiologie nennt, getrennt wird — die Wissenschaft vom Wechsel und Wandel der Pflanze genannt werden müßte, die aber, da die Pflanze realiter nur als Wechselndes und Wandelbares, worin ja eben ihre Existenz besteht, auftritt, mit der Phytologie, die

---

*) Ebendaselbst.

als Wissenschaft von der Pflanze im Allgemeinen, auch die ihres Wechsels und Wandels ist, zusammenfällt. Mit dem Ausdruck „Metamorphose" ist daher ein umfassenderer Begriff als der des bloßen Formwandels zu verbinden, sie ist auch Leben- und Stoffwandel, auch hier die Ansicht von der Dreyeinigkeit dieser drey Erscheinungsweisen geltend machend.

Gegen die als Pflanzenphysiologie *) aufgeführte Wissenschaft haben wir nur das einzuwenden, daß ihre Gränze als „Geschichte des innern Bestehens der Pflanze" **) zu eng gesteckt ist, da ja das Pflanzenleben nicht bloß im Innern, sondern auch nach außen gegen die andern Naturkörper hin, thätig ist: mit diesen lebendig wechselwirkend auftritt.

§. 41.

Nees v. E. ist unsers Wissens der Erste, der eine „Eintheilung der Pflanzenkunde nach der Beziehung der Pflanzenwelt auf das relativ Aeußere" ***) versucht hat. Aber auch hier müssen wir uns, was die consequente Durchführung dieser Eintheilung betrifft, gegen den sinnigen Forscher auflehnen, sollte daraus auch — eine Fehde entstehen.

Der Hauptforderung, die man an einen Systematiker machen kann: zuerst die Faktoren, nach denen eingetheilt werden soll, festzustellen, hat Nees v. E. in Bezug auf die äußere Natur nicht Genüge geleistet. Daher fällt auch das Resultat dieser Classifikation etwas zu dürftig aus, obwohl sich in dem Gegebenen die treffenden, tiefdrin-

*) Ebendaselbst §. 57.

**) Ebendaselst.

***) Ebendaselbst §. 58.

genden Ansichten des Verfassers nicht verkennen lassen. Dann wird diese Eintheilung gleichsam indirekt durch den Verf. selbst dadurch widerlegt, daß sie mit der früher gegebenen, schon beurtheilten Eintheilung der Pflanzenkunde in einem Widerspruch steht, und jene keineswegs sich in dieser wiederspiegelt, was doch dem treuesten Abbilde nach seyn muß, wenn beyde die Wissenschaft von der Pflanze — die nur eine einzige, in sich nothwendige seyn kann und der alles Willkührliche nur als Störendes und Fremdartiges erscheint — darstellen soll, wie wir das durch unsere Untersuchungen und ihre plastischen Darstellungen (Tafel I. II. III.) bewiesen zu haben glauben. Hienach erklärt es sich nun auch, woher die unter Pflanzenforschung („Wissenschaft von den Verhältnissen der Pflanze zur äußern Natur" *) angeführten Wissenschaften dieselbe nicht nach ihrem ganzen Umfange hin darstellen und das Gegebene des organischen Zusammenhangs ermangelt, wie dies die beyden Lehren: Pflanzengeographie und Horologie (Lehre vom Schlaf und Wachen der Pflanzen), die dieses große Feld der Forschung weder erschöpfen noch andeuten, beweisen. Gesetzt auch, daß die Einflüsse von Erde, Wasser, Luft (Atmosphäre) und Mineralien; von Licht und Finsterniß, Wärme und Kälte in diesen beyden Wissenschaften betrachtet und abgehandelt würden, so fehlt doch noch die Beachtung dreyer, in der äußern Natur gleichfalls real gewordener Faktoren, die auch zu der Pflanze in einem bestimmten (Wechsel-) Verhältniß stehen. Es sind die Pflanzen, die Thiere

*) Ebendaselbst §. 58. I.

ünd die Menschen. Der Verf. hat ihrer zwar gedacht, aber in einer Beziehung zur Pflanze, die wir durchaus nicht für richtig anerkennen können. Thiere und Pflanzen sollen nemlich nur als Körper und Massen, oder höchstens indirekt durch Veränderung der Erde auf sie (die Pflanzen) wirken *). Eine Ansicht, die der Verf. gewiß sogleich aufgiebt, wenn wir Ihn nur an jene merkwürdigen Aeußerungen des Blütenlebens bey gewissen Diöcisten, an das gesellige Zusammenleben (Unkraut) und ungesellige Fliehen mancher Pflanzen und an die oben (S. 29.) aufgeführten Thatsachen erinnern. Eine Beziehung als Körper oder Masse, insofern darunter jene Ansicht von todten mechanischen Kräften und Wirkungen verstanden wird, ist falsch, weil alles, es sey was es wolle: ein Granitfelsen, oder ein organisches Urbläschen zu anderem sich polar verhalten muß und verhält, wie das für den Verf. keines Beweises bedarf — und darum auch der in der angezogenen Stelle vom Verf. aufgestellte Unterschied zwischen der Pflanzen- und Thierwissenschaft nicht Stich hält, indem auch Wechselwirkungen zwischen den Pflanzen mit einander und mit den Thieren statt finden, also auch pflänzlicher „Verkehr" sich kund giebt, und namentlich ohne die ersteren (nemlich Wechselbeziehungen zwischen Pflanze und Pflanze) die Idee des Pflanzenreichs als eines Organismus, als einer Pflanze, der auch der Verf. mit Recht ergeben ist, nicht begriffen werden kann (S. 23.). Doch wir schließen hiemit und wünschen nur von Herzen, daß Nees v. E. der Wis-

*) Ebendas. p. 64: „allgemeiner Zusatz".

senschaft die Persönlichkeit zum Opfer bringe und uns nicht zürne ob der Gegenrede. Ein Mann, der so tief in die Natur geblickt hat, wie ein Nees v. E., wird es nicht für eine Schmälerung seiner Verdienste um die Pflanzenkunde halten, wenn man Ihm nachweist, daß Er manchmal nicht so genau als gewöhnlich sah. Audiatur et altera pars. —

Zweytes Capitel.

Die Metamorphose der Pflanzen.

§. 1.

Im Lebenslauf der Planeten spiegelt sich der Lebenscyklus jedes existirenden Dinges. Wie der Planet sein Leben nur in der Form einer Ellipse beschreibt und in seinen kleinern jährlichen Lebensperioden dies auf eine so anschauliche Weise verwirklicht, so wiederholen alle seine Abkömmlinge, und folglich auch die Pflanzen diese Urlebensform ihres Vaters: sie durchkreisen auch ihre Lebensbahn auf elliptische Weise.

§. 2.

Der Charakter der Ellipse ist Bipolarität. Sie ist doppelter Kreis, zwey Centra (focus) in sich habend, deren gegenseitiges Verhältniß das Wesen und die Form der Ellipse giebt. Da nun dies Verhältniß ein unendlich mannichfaches seyn kann, so sind realiter und hier in Bezug auf die Pflanzen auch unendlich viele Ellipsen möglich und jede Pflanzenspecies verwirklicht deren eine besondere, in welcher sich gleichfalls zwey Brenn- oder Wendepunkte (focus) mit einem bestimmten Verhältniß zu einander, auffinden und wissenschaftlich nachweisen lassen.

§. 3.

Der hier zu entwickelnde und wissenschaftlich nachzuweisende elliptische Lebenslauf der Pflanzen bezieht sich zunächst auf die Idee der Pflanze in ihrer höchsten Vollendung, woraus alsdann für jeden besondern Fall und für jede Pflanze, gleichviel auf welch einer Stufe der Entwicklung, das Grundschema für ihren Lebenscyklus entnommen und individuell angewandt werden kann.

§. 4.

Das Leben der Pflanze ist an sich eine unbekannte Größe, gleichwie ihr materielles Substrat, der Stoff, es ist. Beyde müssen erscheinen, wenn ihnen das Prädikat Realität beygelegt werden soll. Das Leben erscheint, wird real durch Materiell- oder Räumlichwerdung, die Materie hingegen erscheint, wird existirend durch Thätig- oder Zeitlichwerdung; so daß das erscheinende Leben nur die materiell oder stoffig gewordne Thätigkeit, und die erscheinende Materie nur der thätig oder handelnd gewordene Stoff ist. Beyde Pole sind jeder Erscheinungsweise wesentlich, nur das Ueberwiegen oder Zurücktreten des einen oder des andern giebt hier den Werth (vergl. Cap. I. §. 9. p. 2.). So wird für die Erscheinung das Ideale dem Realen und das Reale dem Idealen vermählt; welche Vermählung sich in der Form verwirklicht. Der Lebenscyklus der Pflanze wird sich, da sich die Pflanze lebendig und stoffig zugleich manifestirt, sonach vorzugsweise in der Form darstellen, als Metamorphose, die das Handelnde und Seyende zur Einheit verknüpft.

§. 5.

Wenn Stoff und Thätigkeit nur in der Einigung real werden, und diese als Form erscheint (§. 4.), so kann nichts anderes real werden als die Form. Da nun aber diese Einigung zweyer Pole auf eine dreyfach verschiedene Weise möglich ist, nemlich einmal mit vorwaltender Thätigkeit, ein andermal mit vorwaltendem Stoff und drittens mit relativem Gleichgewicht beyder, so wird die Form auch hienach eine dreyfach unterscheidbare seyn. Der dritte Fall stellt nemlich die Form am reinsten dar, diese heißt daher „Form" im engern Sinne, im erstern hingegen wird sie durch das prädominirende Thätigkeitseyn getrübt und heißt dann Leben, und endlich im zweyten Fall, wo sie unter der Herrschaft des Materiellen der sinnlichen Wahrnehmung als Form sich fast entzieht, giebt sie den Stoff als Erscheinendes.

Diese Dreyfachheit der Form werden wir nun beym Metamorphosengang der Pflanze zu beachten haben: er wird sich einmal formell, zweytens stoffig unddrittens lebendig verwirklichen.

§. 6.

Die Ellipse zerfällt als Bipolares (§. 2.) in zwey Theile (Arme), die sich zu einander wie Gegensätze verhalten: der positive und negative Arm der Ellipse. So auch die Pflanze. Ihr Lebenslauf durchschreitet zwey Hälften (§. 2.), die ein ganz entgegengesetztes Verhältniß charakterisirt; man kann sie als positive und negative (besser antipositive) Lebenshälfte bezeichnen. Sie stehen sich gegenüber wie die Arme der Ellipse. Die erstere stellt sich als Entwicklung, Fortschritt, Evolution, die andere als Rückentwicklung, Rückschritt, Revolution dar. Beyden kommt gleich den Armen der Ellipse ein Brennpunkt zu, um welche die Pflanze sich rotirend bewegt.

Positive Hälfte des pflänzlichen Lebenslaufs: Evolutionsperiode.

§. 7.

Die Pflanzenevolution beginnt mit dem Niedern. Die Wurzelbildung ist die erste und vorwaltendste. — Die Wurzel ist fast vollendet, wenn der Stengel sich seiner Ausbildung nähert. Seiner Entstehung folgt die Blattentwicklung: das Blatt setzt als abgefallene losgetrennte Stengelrinde, den Stengel als präexistirend voraus.

Anm. In Fällen, wo bey sogenannten stengellosen Pflanzen sich die Blätter direkt aus der Wurzel zu entwickeln scheinen, ist dies nur scheinbar; sie durchlaufen wie alle andern Blätter erst die Stengelbildung; auch sind die Blattstiele und die Rippen ja noch das Stengelige des Blatts.

§. 8.

Eine Pflanze mit diesen drey Entwicklungsstufen (§. 7.) ist ein Ganzes, dessen Bestandtheile wiederum als Ganze zu betrachten sind. Nennen wir diese „Systeme" *), so hat eine solche Pflanze drey Systeme:

1. Wurzelsystem,
2. Stengelsystem,
3. Laubsystem.

§. 9.

Diese drey Systeme bestehen nicht neben, sondern durch einander; denn eins setzt das andere

*) System wird hier in dem diesem Namen gebührenden Sinn: Vereinigung mehrerer Organe zu einem Ganzen — genommen.

voraus. Das höchste unter denselben ist das Laubsystem. Es charakterisirt und vollendet dieses Ganze, die Basis alles Nachfolgenden. — Für die Gesammtheit dieser in innigster Beziehung stehenden Systeme fehlt zur Bezeichnung das passende Wort, vielleicht aus dem Grunde, weil man Wurzel, Stengel und Laub nicht als eine solche Einheit betrachtete, wie es mit den Theilen (Systemen) der Blüte, der Frucht und des Saamens der Fall war. Der Unterschied ist aber nur ein raumlicher, kein wesentlicher. Dieselbe Beziehung, die zwischen den sogenannten Geschlechtstheilen in der Blüte waltet, und die, welche zwischen den Theilen (Systemen) der Frucht und des Samens sich kund giebt, findet auch hier statt, nur größer und weitschweifiger, weil die Systeme hier räumlich geschiedener, expandirter sind. Da nun, wie sich zeigen wird, die Gesammtheit dieser drey Systeme, ein Ganzes bildet, das den vierten Theil der vollendeten Pflanze ausmacht, und sich den drey andern Theilen: Blüte, Frucht und Samen als gleichwerthig gegenüber stellt, so unterscheiden wir dieses Viertheil der Pflanze als Pflänzchen, und geben der Gesammtheit des Wurzel-, des Stengel- und des Laubsystems den Namen Kraut- oder Laubpflänzchen (herba, poa.)

Anm. 1. In Bezug auf das Pflanzenreich als einer „großen Pflanze" (Cap I. §. 5.) nannten wir die eigentliche Pflanze „die kleine Pflanze"; eine Benennung, die mit dem gewählten Ausdruck „Pflänzchen" zwar eine gleiche Bedeutung hat, aber hier wohl zu unterscheiden ist, indem die „kleine Pflanze'' eine selbstständige, dem Planeten oder seinem Repräsentanten entwachsende Pflanze ist, deren Haupttheile die „Pflänzchen" bilden, die auseinander sich entwikkeln, und sich wechselseitig tragend und getragen werdend, im

ewigen

ewigen Wechsel auf- und absteigen; einander das Daseyn schaffen und rauben, wie Glieder einer Kette in einander greifen und im elliptischen Umschwunge die Beharrlichkeit des Stoffs mit dem Wechsel des Lebens zur morphischen Einheit verknüpfen.

Anm. 2. An Kunstausdrücken für die drey Systeme des Laubpflänzchens fehlt es nicht; allein sie sind zu wenig allgemein und bezeichnen meistens nur sehr bestimmte Formen, so daß ihr Gebrauch in einem umfassenderen Sinn erschwert wird. Da wir nun in der Folge einer solchen allgemeinen Bezeichnung sehr bedürfen, so machen wir hier die schon für manche Fälle gebräuchlichen Wörter: rhiza, stelechos und phyllon zur Benennung dieser Systeme geltend, und bezeichnen, da die gleichbedeutenden Systeme auch in Blüte, Frucht und Samen wiederkehren, die Abstammung mit dem Voransetzen von Poa folgendergestalt:

1. Laubpflänzchen-Wurzelsystem: Poaerhiza *),
2. Laubpflänzchen-Stengelsystem: Poaestelechos,
3. Laubpflänzchen-Laubsystem: Poaephyllon.

Anm. 3. Unter herba, poa verstehen wir „Kraut" im strengsten Sinne des Worts, d. i. Blumen-, Frucht- und Samenlose Pflanze. Der Begriff von herba, Kraut, als einer krautartigen Pflanze, die nur einmal Blumen und Samen hervorbringe (Willdenow Grundriß der Kräuterkunde, Berlin 1810. p. 184), muß ausgetilgt werden, indem man für solche Pflanzen sehr schicklich die Benennungen: Blumenkräuter, Samenkräuter einführen kann.

§. 10.

Wie in der Form, so sind diese Systeme des Laubpflänzchens auch rücksichtlich des Lebendigen noch im Niedern befangen. Ihre Thätigkeitsäußerungen beziehen sich noch auf rein reproduktive Prozesse. Die Wurzel und der Stengel sind der Ingestion des Festen

*) Müßte Poerhiza, Poestellechos etc. heißen, allein um des Wohllauts willen erlauben wir uns diese Aenderung.

und Flüssigen und ihrer Verarbeitung und Aneignung vorzugsweise gewidmet. Auf gleiche Weise ist auch noch das Laub der Ernährung dienend, aber in der höhern gasigen Sphäre (Athmen)*). Alle drey Systeme sind durch diese ihre Verrichtungen an die drey planetaren Elemente: Erde, Wasser, Luft, aufs innigste geknüpft.

§. 11.

Diese innige Beziehung zwischen den drey Laubpflänzchen-Systemen und den planetaren Elementen giebt rückwärts den Beweis für die oben (§. 7.) mittelst der Genesis ausgesprochene Dignität derselben. Wurzel und Stengel, als vorzugsweise dem Erd- und Wasserelement hingegeben, müssen tiefer stehen als das Laub, das seine Entfaltung in der Luft, dem solarplanetaren Elemente, feyert. — Dieser Dignität geht auch das entsprechende Stoffverhältniß parallel.

§. 12.

Mit der Vollendung des Niedern beginnt aus diesem sich das Höhere herauszubilden. Das Ende des Kraut- oder Laubpflänzchens bezeichnet daher den Anfang für ein Anderes, Edleres, das daraus hervorgeht. Ohne Anstrengung und Aufopferung der eignen Individualität gelangt jedoch das Laubpflänzchen nicht dazu, auch nicht ohne eine Metamorphose, die den Uebergang vermittelte. Das Laubpflänzchen entäußert sich daher für einen Augenblick seiner Tendenz, die auf Expansion geht — und tritt auf engern Raum zusammen, um von da aus ein neues Emporstreben und

*) Vergl. Oken's Lehrbuch der Naturphilosophie. Jena 1810. II. p. 103.

Evolviren zu beginnen. Dies ist der Uebergang des Laubpflänzchens zur Blütenmetamorphose, die sich plastisch in der Blütenknospe verwirklicht.

§. 13.

Die Entwicklung dieser Blütenknospe ist das Emporwachsen eines neuen Pflänzchen: der Blüte aus dem Laubpflänzchen. Die Blüte ist der Parasit des Laubpflänzchens; ein ganzer, selbstständiger Organismus, der sich auf Kosten dieses ausbildet, welches hier als das Tragende, Wurzelige erscheint.

§. 14.

Die Blüte ist aber ihrem Wesen nach das Laubpflänzchen selbst, wiederholt auf einer höhern Potenz. Es kehren daher auch die Systeme des Laubpflänzchens, wiewohl in Blütenform, wieder. Die Blüte hat ihre Wurzel, ihren Stengel und ihr Laub; und verdient sonach auch den Beynamen „Pflänzchen", wir unterscheiden daher künftighin die Blüte als Blütenpflänzchen (flos, anthos.) Die drey Systeme dieses Blütenpflänzchens sind folgende:

1. Blütenwurzelsystem.

Die Blütenwurzel kann nach unserer Ansicht nur der sogenannte Fruchtboden (Receptaculum) seyn, der Blütenboden genannt werden müßte, weil nicht die Frucht, sondern die Blüte primär ihren Sitz auf demselben hat. Mit ihm beginnt die Blütenevolution.

Anm. Oken betrachtet *) den Samen als Wurzel in der Blüte; dies ist unrichtig, wie sich unten ergeben wird (§. 26. 3.)

---

*) Lehrbuch der Naturphilosophie. Jena 1810. II. B. p. 93.

2. Blütenstengelsystem.

Findet sich im sogenannten weiblichen Geschlechtsorgan realisirt. Der innige Zusammenhang dieses Bestandtheils der Blüte mit dem Stengel des Laubpflänzchens spricht für die Richtigkeit dieser Deutung.

Anm. Oken sieht *) die Kapsel für das Stengelige in der Blüte an. Eine Deutung, die sich bey der nähern Bestimmung der Kapsel als System der Frucht (§. 26. 2.) gleichfalls als unhaltbar ergiebt. Kieser dagegen hat das weibliche Geschlechtsorgan als eine Potenziirung des Stengeligen richtig erkannt **).

3. Blütenlaubsystem.

Dieses System manifestirt sich im sogenannten männlichen Organ. Der physiologisch und oft auch anatomisch zu verfolgende Uebergang vom Laubpflanzenblatt durch das Blumenblatt hindurch zum Staubfaden spricht für die Wahrheit dieser Vergleichung, die sowohl Kieser als auch Oken schon gegeben ***). Mit diesem System beschließt die Blüte ihre Metamorphosen als Blüte.

Anm. Als allgemeine, die Bedeutung dieser Systeme richtig wiedergebende Kunstausdrücke schlagen wir diese vor:

1. Anthorhiza für Blütenwurzel;
2. Anthostelechos für Blütenstengel;
3. Anthophyllon für Blütenlaub.

§. 15.

Mit einem Male erreicht, wie gesagt, das Laubpflänzchen eine solche Potenzlirung zum Blütenpflänz-

---

*) A. a. O. §. 1286. p. 93.

**) Vergl. Kieser Grundzüge der Anatomie der Pflanzen 2c. Jena 1815. p. 27. §. 98. und §. 408.

***) Oken a. a. O. p. 93. Kieser a. a. O. §. 98. u. §. 404.

chen nicht; sie hat bestimmte Uebergangsstufen zu durchlaufen, die einen Mittelzustand zwischen Laub- und Blütenpflänzchen bezeichnen und sich in der Blütenknospe (§. 12) darstellen. Diese Knospe bildet die Blütenwurzel und den Stengel im Kelche vor, indeß sie in der Corollenentwicklung die Staubfadenbildung vorbereitet. Kelch und Corolle wären sonach Zwischensysteme, Uebergangspunkte, um das Höchste der Evolutionsperiode zu erreichen —: und somit erscheint die Blüte als eine Verdoppelung des Laubpflänzchens, aus der sie hervorwuchs. Kelch nnd Corolle sind die Blüte in der Potenz des Laubpflänzchens oder Laubpflänzchen auf Blütenstufe. Das Rezeptakulum, das weibliche und männliche Organ hingegen constituiren die eigentliche Blüte, die Blüte auf Blütenpotenz.

§. 16.

Mit der Blütenausbildung ist die positive Lebenshälfte, ist die Entwicklungsperiode geschlossen. Nach der Vollendung ihres höchsten Systems (des männlichen Organs) kehrt nun die Pflanze in sich selbst zurück und beschreibt rückwärts, revolvirend denselben Weg, den sie vorwärts schreitend durchlief.

§. 17.

Das hier Entwickelte ist der Metamorphosengang, wie ihn das Blütenpflänzchen im rein Formellen darstellt. Sie überschreitet aber nothwendig, wie alles Erscheinende, mehr oder minder den Gleichgewichtszustand der reinen Form und schweift hinüber ins Thätige, hinabwärts ins Materielle, wird lebendig und stoffig. Wie in der Form, so stellt sich daher auch im

Leben und im Stoff der Blüte eine fortschreitende Metamorphose dar.

§. 18.

Wenn nemlich die Lebensfunktionen der Systeme des Laubpflänzchens auf Stoffbilden, Umwandeln und Aneignen hinauslaufen, und diese sich in der Wurzel und im Stengel als Verdauen und Ernähren, im Laub als Athmen, folglich als reproduktive, noch im Niedern befangene, Prozesse darstellten (§. 10. 11.); so tritt in der Blüte mit Veredlung der Form auch ein höheres, vom Stoffigen befreyeteres Leben auf. Es ist der pflänzliche Begattungsprozeß, worin sich dieses Blütenleben äußert und in welchem Verdauen, Ernähren und Athmen auf Blütenpotenz wiederkehren. Die Blütenwurzel oder das Rezeptakulum steht nemlich in ihrer Lebensäußerung dem Blüten- oder Geschlechtsverdauungsprozeß vor. — Im Blütenstengel oder dem weiblichen Organ concentriren sich die geschlechtigen Ernährungsprozesse, deren Streben auf die Gestaltung eines neuen pflänzlichen Organismus geht, wozu das männliche Organ im Geschlechtsathmungsprozeß (Begattung) die Begeistung ertheilt. — Wie das Athmen als Luftprozeß im edelsten System des Laubpflänzchen, im Blatt sich darstellend auch die höchste Funktion desselben war (§. 10. u. 11). so ist das Blütenathmen oder der männliche Akt, als Lebensäußerung des höchsten Blütensystems auch das Höchste der Evolutionsperiode auf lebendiger Seite.

§. 19.

Andern Lebensaktionen müssen andere Stoffe parallel gehen, sie fordern sich gegenseitig (§. 3.). Wenn daher das Blütenleben die höhere Steigerung des Laubpflänzchenlebens ist (§. 18.), so müssen die Blütenstoffe auch höher entwickelte Laubpflänzchenstoffe seyn. In der Blütenwurzel (Receptaculum) werden sich die Laubpflanzen-Wurzelstoffe, im Blütenstengel (weiblichem Organ) die Laubpflanzen-Stengelstoffe und endlich im Blütenlaub (männlichem Organ) die Blattstoffe der Laubpflanze wiederfinden, aber nothwendig auf Blütenweise. Eine vergleichende Analyse der Systeme der Laub- und Blütenpflanze — woran wegen der Ermangelung des leitenden Prinzips noch niemand zu denken wagte — hat hierauf zu achten.

§. 20.

Das gegenseitige Verhältniß der Dignität der Blütenstoffe geht wie das Leben und die Form derselben auch dem Werth der Laubpflänzchenstoffe parallel. Wie die Blattstoffe des Laubpflänzchens nothwendig edler sind als die Stengel- und Wurzelstoffe, so ist es auch mit dem Stoffgehalt des männlichen Organs zu dem des weiblichen und des Fruchtbodens. Im Pollen, als dem Endresultat pflänzlich-männlicher Stoffmetamorphose, stellt sich der höchste Blütenstoff dar, dessen ausgezeichnete dynamische Qualität: das Weibliche zu begeisten und zu neuen Produktionen anzuregen, schon seinen Adel verbürgt.

§. 21.

Somit wäre nun der Entwicklungsgang der aufsteigenden oder positiven Hälfte der Pflanzenmetamorphose formell, ideell (dem Leben nach), und reell (dem Stoff nach) dargelegt. In formeller Hinsicht erreichten wir in der Ausbildung des pflänzlich-männlichen Geschlechtsorgans, in ideeller im Akt desselben, und endlich in materieller Hinsicht in der sinnlichen

Verleiblichung dieses Aktes im Pollen den höchsten Gipfel aller Metamorphosen (§. 18. §. 20.), und so, mit gleichzeitiger höherer Entwicklung und Ausbildung im pflänzlich-Weiblichen und im Fruchtboden die Akme der Evolutionsperiode. Diese Akme manifestirt sich auf der Form- und Stoffseite als vollendete organische Blütenausbildung, auf der Lebensseite als Begattung.

§. 22.

Die pflänzliche Begattung, das Ineinanderwirken des pflänzlich-männlichen und weiblichen Prinzips, bezeichnet, als die größte Kraftäußerung, wozu es die Pflanze auf positiver Seite bringt, den Scheitelpunkt der Evolutionsperiode, die mit Vollendung der Begattung ihr Ende erreicht und in die Revolutionsperiode hinüberschlägt. Mit der Begattung ist die positive Hälfte der Pflanzenellipse beschrieben, sie hilft den Brennpunkt bilden, um welchen letztere sich rotirend bewegt, und nun zu neuen Bildungen die Anregung erhält. Diese neuen Bildungen sind aber das Entgegengesetzte von den (§. 7. bis 14.) erörterten, indem jene in rückschreitender Metamorphose durchlaufen, was diese im fortschreitenden Streben zurücklegten. Die Revolutionsperiode ist sonach das treueste Abbild der Evolutionsperiode, aber in umgekehrter, entgegengesetzter Richtung, sowohl der Form, dem Stoff als dem Leben nach. Diese Umkehrung ist höchst anschaulich in der successiven Hervorbildung der Systeme beyder Hälften. Wenn auf der Evolutionshälfte alles aus sich heraustritt, und sich vom Centrum nach der Peripherie hin expandirte und Laub- und Blütenpflänzchen von innen nach außen hin sich gestalteten; so stellt, wie sich zeigen wird, die Revolutionshälfte in ihren Entwicklungsmomenten gerade das Entgegengesetzte dar. In ihr strebt alles von der Peripherie zum Centrum: die peripherischen Systeme entstehen und vollenden sich zuerst, die centralen zuletzt. Jene wachsen gleichsam in sich hinein, um diese zu produziren. So legt sich von außen nach innen System an System, bis endlich im Samen die höchste Contraction, der die organische Materie fähig ist, erreicht wird.

Antipositive Hälfte des pflänzlichen Lebenslaufs: Revolutionsperiode.

§. 23.

Die Pflanzenrevolution geht den Weg der Evolution in umgekehrter Richtung (§. 22.). Sie beginnt daher, wenn diese mit dem Niedern, der Wurzel, anfängt (§. 7.) und sich zum Höhern, zur Blüte emporbildet, mit dem relativ Höhern und steigt zum Niedern hinab. Wenn daher das Blütenpflänzchen in der Ausbildung seiner (Geschlechts-) Gegensätze und seiner (Geschlechts-) Thätigkeiten seine Akme erreicht hat, so ist damit die Gränze seines Emporstrebens gegeben und es geht nun, da im Leben nichts still stehen kann, sondern alles nothwendig wechselwirkend ist (Cap. I. §. 24.), abwärts in sich selbst zurück, und zwar cyklisch, periodisch wie bey der Aufsteigung. Der pflänzlichen Begattung als höchstem Akt des Blütenlebens, muß daher ein anderer Akt gegenüber stehen, mit dem die rückschreitende Periode beginnt. Dies ist die Befruchtung, die sich stoffig und formell als Fruchtknotenausbildung darstellt. — Begattung und Befruchtung greifen innig in einander, bilden ein Moment und bezeichnen den Culminationspunkt des Auf- und Niedersteigens, der Evolution und Revolution; jene das Ende der Evolution, diese den Anfang der Revolution.

§. 24.

Der Gegensatz zwischen beyden ist unverkennbar. Wenn in der Blüte die höchste Concentrirung des aufsteigenden Laubpflänzchens in formeller, stoffiger und lebendiger Hinsicht behufs der Begattung als Endresultat, erreicht wird (§. 20. 21.), was sich als Wiederholung der drey Laubpflänzchensysteme im sehr engen Kreise also als vorherrschendes Streben nach Contraktion (das im Begattungsakt culminirt) plastisch darstellt; so beginnt mit der Befruchtung gegentheils das Ueberschlagen auf die andere Seite. Mit ihr tritt als Rückschritt das Entgegengesetzte, nemlich das Streben nach Expansion ein, vermöge welchem sich das befruchtete Organ, der Fruchtknoten, expandirt, wächst und zur Frucht ausbildet. Diese Fruchtausbildung, die für den Fruchtknoten (besser Fruchtknospe) eine Evolution ist, ist, als der zweyten Lebenshälfte der Pflanze angehörig, für die Laub- und Blütenpflanze eine Revolution: indem sich auf ihre Kosten ein individueller, selbstständiger Organismus ausbildet, der alle ihre Bildungsprozesse wiederholt und als ein ihnen Gleichwerthiges erscheinend, als besonderes Pflänzchen, als Fruchtpflänzchen (fructus, carpos) unterschieden werden muß, das parasitisch in dem Blütenpflänzchen wurzelt.

§. 25.

Das Fruchtpflänzchen ist seinem Wesen nach die Blüte selbst auf einer andern Stufe der Entwicklung. Wie in dem Blütenpflänzchen sich das Laubpflänzchen gleichsam noch einmal gestaltete in edlerer Form, so erfolgt auch hier eine Wiederholung, gleichsam eine Verdoppelung der Blüte, aber nach der Richtung des Rückschritts und der niederen Bildung. Es kehren daher auch die Systeme der Blüte (Blütenwurzel, Stengel und Laub) in der Frucht, wiewohl mit Fruchtcharakter wieder.

§. 26.

Diese Wiederkehr erfolgt aber nothwendig nach den (§. 23. und 24.) entwickelten Gründen in umgekehrter Richtung, und so zeigt sich dann in der Frucht als demjenigen, womit die Revolutionsperiode beginnt, das geradezu Entgegengesetzte von der Entwicklung des Kra tpflänzchens, womit die Evolution anfängt. Die Frucht beginnt bey ihrem Herauswachsen aus der Blüte nicht mit der Wurzel, dem Stengel und endigt mit dem Laube, nein umgekehrt! Das Laub ist ihr Anfang, die Wurzel ihr Beschluß. Man könnte daher das Fruchtpflänzchen ihrer Entwicklung nach, als ein auf dem Kopf gestelltes Laub- oder Blütenpflänzchen ansehen. — Wir schreiten jetzt zur nähern Bezeichnung dieser Fruchtpflänzchensysteme.

1. Fruchtlaubsystem:

Ist das primär Entstehende, die die Blattbedeutung habende Fülle des Fruchtknotens, die bey fernerer Entwicklung das äußere peripherische System der Frucht bildet. Wir unterscheiden diesen Theil der Frucht, der wie gesagt ihr Laubiges vorstellt, unter dem allgemeinen Namen Schale, und wollen darunter auch das Gleichbedeutende, nur nach der Form anders Benannte, z. B. Hülse, Kapsel, Schote, Fleisch rc. mit verstanden wissen.

Anm. 1. Bey einer ins Specielle gehenden Deutung der Fruchtsysteme wird es sich zeigen, daß man unter die Namen Schale, Hülse, Schote rc. mehr als das Laubige der Frucht begreift, da ihre äußere grüne Hülle nur diese Bedeutung hat und das andere Festere einem andern Systeme, dem Fruchtstengel anheim fällt.

Anm. 2. Wir möchten auch hier für eine allgemeine Bezeichnung dieses Fruchtsystems einen neuen Kunstausdruck: Carpophyllon, vorschlagen, da die Benennung Pericarpium wegen der Mißdeutungen, die sie mit sich bringt, hier nicht zu gebrauchen ist. Denn es ist ein Wort, das einer Verwechselung des Samens mit der Frucht seinen Ursprung verdankt, indem man dasjenige Fruchtumgebendes nannte, was die Frucht selbst ist, und darum billig den Namen Samenumgebendes bekommen hätte. Das wahre Pericarpium oder Fruchtumgebende wäre der Kelch und die Corolle nebst den Blütensystemen.

2. Fruchtstengelsystem.

Dieses System vollendet seine Ausbildung später als das Fruchtlaub oder die Schale, und wird durch das Harte, Holzige der Frucht realisirt. Alles Stengelbedeutende der Frucht, z. B. die sogenannten Steine der Steinfrüchte, das Gehäuse des Apfels, besonders aber die Nuß, begreifen wir unter dieses Fruchtsystem, das wir mit der Benennung Nuß in einem allgemeinen Sinne (das Harte, Holzige andeutend) auszuzeichnen, vorschlagen.

Anm. Dies ist die Bedeutung der Nuß oder des Holzigen der Kapsel rc, nicht wie Oken will, Stengel der Blüte, sondern Stengel der Frucht zu seyn. Auch für dieses Fruchtsyſtem fehlt noch der Kunſtausdruck, wir ſchlagen daher carpostelechos vor.

3. Fruchtwurzelſyſtem.

Der Entwicklung nach iſt dies das letzte Syſtem der Frucht. — Wenn die Laub- und Blütenpflänzchenwurzel zuerſt entſtand (§. 7. und 14.), ſo bildet ſich gegentheils das Wurzelbedeutende in der Frucht zuletzt aus.

Was iſt aber die Wurzel in der Frucht? Oken ſcheint den Samen für ſolche zu halten, wiewohl er dieſem auch den Rang: Blütenwurzel zu ſeyn, zuſichert (§. 14. 1.). Bey näherer Betrachtung ergiebt ſich jedoch beydes als unhaltbar. Einmal iſt der Samen nicht ein Syſtem, wie z. B. die Wurzel, der Stengel ꝛc., ſondern ein dreyſyſtemiges, ein ganzes Pflänzchen gleichen Werthes mit dem Laub-, Blüten- und Fruchtpflänzchen (§. 33.). Das Wurzelprädikat iſt ihm alſo zu wenig, und zweytens iſt der Same in Beziehung auf die Blüte ein ſpäteres, kann alſo nicht ihr Boden (Wurzel) ſeyn, auf dem ſie ſich, als Abkömmling der fortſchreitenden Periode ausbildete. Denn der Wurzelcharakter iſt für beyde Hälften der Pflanzenmetamorphoſe ein ganz entgegengeſetzter: für die Evolutionsperiode iſt das Erſte, Tragende, Nährende die Wurzel, aus der das andere ſich hervorbildet (§. 7. und §. 14.); für die Revolutionsperiode dagegen gilt das Spätere, getragen und ernährt Werdende, kurz das was ſich aus dem Frühern entwickelt für die Wurzel; eben weil hier alles das, was die aufſteigende Hälfte darbietet, in der Umkehrung oder Revolution wiederkehrt.

Der Fruchtstengel wächst daher aus dem Fruchtlaub (Schale) und die Wurzel aus dem Fruchtstengel hervor. Mittelst dieser Ansicht ist nun auch das Wurzelige der Frucht leicht gefunden: es ist das Produkt des Fruchtstengels, das eine organische Verbindung zwischen den beyden genannten Fruchtsystemen und dem Saamenpflänzchen (§. 27. 28.) vermittelt. Da dies nun außer dem sogenannten Nabelstrang, Keimgang ꝛc. durch die den Samen umgebenden Häute, Lederhaut ꝛc. bewirkt wird, so sehen wir vorzugsweise letztere Theile für die Fruchtwurzel an und zeichnen dieselbe unter dem allgemeinern Namen Samenhülle aus. Bey der physiologischen Deutung der Samensysteme wird es sich zeigen, daß die sogenannte Samenhülle nichts dem Samen Wesentliches, sondern etwas der Frucht Angehöriges sey. Sie verhält sich zum Samen, den sie beherbergt, wie das Laubpflänzchen zum Blütenpflänzchen: sie ist Fundament für ein entstehendes Neues, aus ihr soll das Samenpflänzchen hervorsprossen.

Anm. Die Bedeutung der Samenhülle ist unsers Wissens noch nicht gegeben worden. Wir wünschten die hier ausgesprochene Ansicht, die aus dem Ganzen sich als nothwendig ergab, näher geprüft; und wagen es, auf solche gestutzt, einen neuen Kunstausdruck für dieses, den Samen zunächst einschließende System, nemlich Perisperma oder Carporhiza vorzuschlagen.

§. 27.

Mit der Ausbildung der Wurzel (Samenhülle) ist das Fruchtpflänzchen am Ziele seiner Metamorphosen, gerade so wie es das Laubpflänzchen mit der Vollendung des Blatts (§. 10.) und das Blütenpflänzchen mit der des männlichen Organs (§. 20 f.) war, und gleichwie beyde letztere nach der Erreichung beyder Stadien sich zu einer neuen Metamorphose rüsteten, deren Wendepunkt mit der Blütenknospen- (§. 12.) und Fruchtknospen- (§. 24.) Ausbildung in eins fiel, so auch das Fruchtpflänzchen. Sie bereitet den zweyten Abschnitt der absteigenden Lebenshälfte vor, in einer der Blütenknospe entsprechenden Bildung, nemlich im Embryo. Der Embryo ist unentwickelter Same: Samenknospe, und darum der Blütenknospe gleichbedeutend, die auch Blütenembryo heißen könnte.

Anm. Was man gewöhnlich Embryo nennt, ist der wahre, vollendete Same, der noch nicht durchs Keimen (Entwicklung von Plumula und Rostellum) seine Samenindividualität verloren hat.

§. 28.

Der Embryo gestaltet sich durch rege Entwicklung wie die Blütenknospe zur Blüte — so zu einem gleichfalls selbstständigen Ganzen zum Samen. Da der Same, wie sich sogleich zeigen wird (§. 32.), als ein, gleich dem Laub-, Blüten- und Fruchtpflänzchen aus drey besondern Systemen bestehendes, Individuum sich manifestirt, so nehmen wir keinen Anstand, auch ihm das Prädikat Pflänzchen beyzulegen. Er ist Samenpflänzchen (Semen, Sperma.)

§. 29.

Das Samenpflänzchen ist das für die Frucht, was das Blütenpflänzchen für das Laubpflänzchen ist, nemlich Wiederholung in höherer Potenz: Fruchtblüte. Es wächst aus den Fruchtsystemen hervor wie die Blüte aus den Laubpflänzchensystemen. Darum hat auch die Samenhülle Wurzelbedeutung (§. 26. 3.), die schicklich mit dem Uterus zu vergleichen ist, zu welchem sich der menschliche Embryo gerade so verhält wie der pflänzliche hier zur Samenhülle.

§. 30.

Diesemnach ist das Samenpflänzchen als weitere Entwicklung der Frucht weit entfernt, bloße Wurzel, sey es der Blüte oder der Frucht (§. 26. 3.) zu seyn. Es hat einen den andern Pflänzchen gleichen Werth (§. 29.) und verwirklicht gegen das Blütenpflänzchen einen solchen Gegensatz, wie wir ihn zwischen den Laub- und Fruchtpflänzchen fanden (§. 26.); denn der Same ist der letzte Abschnitt der revolvirenden Lebenshälfte und entspricht der Blüte, die die Evolutionsperiode beschließt.

§. 31.

Seinem Wesen und seiner Genesis nach ist das Samenpflänzchen die Frucht selbst auf einer andern Stufe der Ausbildung. Das Fruchtpflänzchen wiederholt sich mit seinen drey Systemen auf Samenpotenz, um die Revolutionsperiode mit einer neuen Bildung: dem Samenpflänzchen, zu schließen.

§. 32.

Aus dieser genetischen Beziehung muß sich die Art der successiven Herausbildung der Samensysteme ergeben, die nur die entsprechende der Frucht und die umgekehrte der Blüte seyn kann. Die Samensysteme sind folgende:

1. Samenlaubsystem.

Entsteht und vollendet gleich dem Fruchtlaubsystem seine Ausbildung zuerst. Dies System ist real geworworden in den sogenannten Cotyledonen, an welchen der Laubcharakter unverkennbar ist.

2. Samenstengelsystem.

Das Stengelbedeutende des Samens wäre schwer aufzufinden, wenn man seine physiologische Bedeutung: Vermittelndes zwischen Laub und Wurzel zu seyn, außer Acht ließe. Auch der Samenstengel fügt sich dieser Anforderung, indem er sich als das die organische Verbindung zwischen Cotyledon und Knötchen Bewirkende, darstellt Fällt jedoch, anatomisch betrachtet, in vielen Fällen mit dem Knötchen selbst zusammen.

3. Samenwurzelsystem.

Das Wurzelige im Samen ist das eben berührte Knötchen. Es verlängert sich bey den Dicotyledonen nach zwey Seiten hin zum Samenstengel und einigt sich so mit dem Samenlaub (Cotyledon.)

Anm. 1. Für alle drey Samensysteme fehlen wieder die allgemeinern, auf die Bedeutung Rücksicht nehmenden Kunstausdrücke, wir möchten das Samenlaubsystem: Spermatophyllon, das Samenstengelsystem: Spermatostelechos und endlich die Samenwurzel: Spermatorhiza nennen.

Anm. 2. Man bemerke ja, daß hier der Same seiner wahren Samennatur nach, wie er nach vollendeter Ausbildung (Reifung), nicht aber nach seiner Metamorphose (Keimen) erscheint, genetisch ist dargestellt worden. Der keimende Same ist als Same im Sterben, im Revolviren begriffen, um als Laubpflänzchen seine Auferstehung zu feyern, hier erfolgt daher das Umgekehrte von dem, was beym Bilden und Reifen geschieht. Rostellum, Plumela und das beyde Vereinigende sind daher Wurzel, Laub und Stengel für den schon gestorbenen, durchs Keimen zum Laubpflänzchen sich ausbildenden Samen. Alle Pflanzenforscher fehlen darin, daß sie Plumela und Rostellum für Theile des Samens halten. Sie sind dergleichen aber keineswegs, sondern gehören dem metamorphosirten (gekeimten) Samen an. Daß sich Plumula und Rostellum schon in vielen Samen auffinden lassen, die nach dem gewöhnlichen Ausdruck eben erst reif sind, ist kein Einwand, da hier die Zeit der Reifung willkührlich geschätzt wird, und dasjenige, was man gereiften Samen nennt, in Wahrheit schon überreifer, auf der Mutterpflanze selbst gekeimter Same ist.

§. 33.

Höchst anschaulich kehrt die Fruchtbildung in der Samenbildung gleich der Wiederholung des Laubpflänzchen in der Blüte, wieder. Wie bey der Frucht die Schale, Nuß und Samenhülle umschließt, so nehmen hier die Cotyledonen das Knötchen und seine stengelige Verlängerung zwischen sich auf, und verhalten sich wie Peripherisches zu diesem centralen Inhalt.

§. 34.

Mit der völligen Ausbildung der Samensysteme und der denselben parallel gehenden Samensystem-Stoffe ist nun das Samenpflänzchen nach der formellen und realen Seite hin vollendet, welche Vollendung sich im Lebensverhältniß als Reifung manifestirt. Das Reifen der Samensysteme entspricht dem Begatten der Blütensysteme, es ist das Höchste, wozu es beyde bringen. — Nach vollendeter Reifung wird der Same ein anderes, er wird Laubpflänzchen, gleichwie nach vollendeter Begattung die Blüte zur Fruchtgestaltung sich hinneigt.

§. 35.

Mit der Reifung des Samens ist nun die aus vier Hauptformen: Pflänzchen bestehende Pflanze wiederum nahe bey dem Punkt angelangt, von welchem aus sie begann. Die Revolutionsperiode ist mit der Samenvollendung beschlossen wie die Evolutionsperiode mit der der Blüte; und wie mit letzterer das Rückschreiten begann (§. 22.), so kann mit der Samenausbildung wieder die fortschreitende Periode anheben: Wirf den Samen ins Nasse und Finstere und er beginnt eine neue Metamorphose zum Laubpflänzchen emporkeimend! — Seine Wurzel, die am spätesten vollendet wurde (§. 32. 3.), kommt hier beym Keimen (als der Revolutionsperiode des Samens) am allerersten zum Vorschein (Rostellum), dann Stengel und endlich steht mit der Laubentwicklung (Plumula) das ganze Laubpflänzchen vor dir! — Der keimende Same bekommt daher füglich den Namen Laubpflänzchenknospe.

§. 36.

Eine ähnliche Metamorphose durchläuft die Blüte, wenn sie aus sich die Frucht hervorbildet. Sie keimt gleichsam in sich hinein, wie der Samen aus sich heraus, und Fruchtknoten und Frucht sind die Produkte dieses Keimens. — Blüte und Same sind sich sonach völlig gleich, nur die erstere auf fortschreitendem, der letztere auf rückschreitendem Wege. Der Same ist Blüte für die Revolutionsperiode, die Blüte hingegen der Same in der Evolutionsperiode; diese das Höchste hier, jener das Höchste dort. Die Blüte feyert ihre Haupt-Aktionen in der Begattung, der Same die seinigen in der Reifung. Beydes bezeichnet die Gränze, über diese hinaus liegt das Entgegengesetzte, liegt der Anfang zum neuen Lebenslauf. Einen sehr auffallenden Gegensatz zur Blüte stellt der Same auch dem Aeußern nach dar. Die

Blüte erscheint fast immer mit den üppigsten Farben. Alle ihre Kraft scheint sie auf die Aeußerlichkeit zu verwenden. So nicht der Same. Er ist fast in allen Fällen farblos und bietet überhaupt dem Aeußern nach nichts dar, was etwas Kraut-, Blumen- oder Frucht-ähnliches rücksichtlich der Farbe hätte.

Anm. Die angegebene Farblosigkeit des Samens wird mancher bezweifeln, da ihn der Augenschein eines Bessern belehrt. Allein es ist nur Schein, denn die gefärbte Hülle, die der Same mit sich herumträgt, gehört nicht seinem Samenorganismus an, sondern ist ja das eine am Samenkörper hängen gebliebene Fruchtsystem, die Fruchtwurzel (Samenhülle: Perisperm, Carporhiza §. 26. 3.)

§. 37.

Auch cosmisch ist dies entgegengesetzte Verhältniß zwischen den Blüten- und Samenpflänzchen real geworden, schon in der aufsteigenden Tendenz der erstern und in der absteigenden der letztern ist dies dargestellt. Durch die Blüte wird der sich (durchs Keimen) zum Laubpflänzchen entfaltende Same mit der Sonne versöhnt, dieser entgegen wachsend, aber umgekehrt mit dem Planeten entzweyt, dem die Blüte ein solarer Organismus, als feindlich und fliehend erscheint. Mittelst der Befruchtung und Ausbildung der Frucht schlägt dies Verhältniß in das entgegengesetzte über, das in der Samenentstehung seine Akme erreicht. Durch ihn wird die Pflanze wieder in den Schoos des Planeten zurückgeführt, er wächst der Erde zu, fliehend die Sonne als feindliche Potenz und suchend die Finsterniß als das sein Daseyn Fördernde. Dies ist die hohe Bedeutung des Erblühens der Blüte und des Samenfalls! — So beschreibt die Pflanze den Kampf zwischen Sonne und Planet auf plastische Weise.

Begatten und Befruchten, Reifen und Keimen haben cosmische Bedeutung! — Durch die Begattung wird die positive Lebenshälfte der Pflanze dem Planeten am allermeisten entfremdet, sie bezeichnet, ein rein solarer Akt, ihren gänzlichen Abfall von der planetaren Herrschaft, der durchs Keimen bloß angedeutet wurde. Aber die Rache folgt, der Planet ahndet es tief! Er läßt der Begattung die Befruchtung folgen und mittelst der Verleiblichung dieser in der Frucht, entsteht dann der rein planetare Organismus, der Same, dessen Reifung der Blüte Tod und Verderben bringt. Das Zurückfallen des Samens in die Erde entsteht nicht aus mechanischen, sondern aus cosmischen Ursachen! —

§. 38.

Wenn aber gleich Blüte und Same die grellsten Gegensätze bilden, so einigen sich doch und sichern einander die Existenz wie alles Polare. Die Blüte hält und trägt die Samenbildung (wenn gleich wider ihren Willen §. 37.) durch die der Begattung folgende Befruchtung, die die Fruchtknospe (Fruchtknoten §. 24.) zur Ausbildung der Frucht, der Mutter des Samens, treibt; und umgewandt macht der Same die Blütenevolution möglich durch das nach seiner Reife erfolgende Keimen, das die Laubpflänzchenknospe (keimender Same §. 36.) zur Laubpflänzchenausbildung, der Mutter der Blüte steigert. Womit die Blüte endet, damit beginnt der Same, und womit dieser aufhört, damit fängt die Blüte wieder an. So gebiert Tod Leben und Leben Tod.

§. 39.

Auch das gegenseitige Verhältniß zwischen Blüte

und Frucht ist ein eigenthümliches. Sie stehen sich gegenüber wie das Höhere dem Niedern, wie das Ende dem Anfang, wie erreichtes Streben dem beginnenden. In der Fruchtausbildung wickelt sich gleichsam die Blüte in umgekehrter Ordnung, wie sie entstand, wieder ab. Die Stadien der Ausbildung des Laubsystems beyder gränzen nahe an einander, die Blüte endigt (§. 14. 3.), die Frucht beginnt damit (§. 26. 1.).

§. 40.

Das polare Verhalten zwischen Blüten- und Samenpflänzchen kehrt auch zwischen Laub- und Fruchtpflänzchen wieder, nur mit dem Unterschiede, daß wenn jene als Endpunkte des pflänzlichen Lebenscyklus sich parallel gingen, diese es als Anfangspunkte thun; das Laubpflänzchen für die positive, das Fruchtpflänzchen für die antipositive Hälfte. Sie erstreben beyde das Höhere: das Laubpflänzchen die Blüte, das Fruchtpflänzchen den Samen. Erreichen daher auch beyde den Wendepunkt, der zwischen diesen Bestrebungen liegt: das Laubpflänzchen in der Blütenknospe, das Fruchtpflänzchen in der des Samens, im Embryo. Auch halten und tragen sie sich, wie das Positive das Antipositive: die Frucht gestaltet im Samen den Keim für das Laubpflänzchen, und diese giebt mittelst der Blütenrevolution Anlaß zur Entstehung des Fruchtknotens, des Keims der Frucht.

§. 41.

Ein anderes ist es mit dem Samen- und Laubpflänzchen. Beyder Beziehung ähnelt der zwischen Blüten- und Fruchtpflänzchen. Wie die Blüte die Mutter der Frucht (§. 24.), so der Same die Mutter des Laubpflänzchens (§. 36.). Wie die Blüte das erreichte, die Frucht das beginnende Streben darstellt; so der Same den Endpunkt im Rückschritt (Reifen) und das Laubpflänzchen den Anfang im Fortschritt (Keimen). So fallen Reifen und Keimen auch in einen Punkt zusammen, wie Begatten und Befruchten (§. 24.), und bilden den Culminationspunkt für die andere entgegengesetzte Hälfte des pflänzlichen Metamorphosenganges.

§. 42.

Die dargestellte Frucht- und Samenpflänzchengenesis ist die der Form nach. Wie aber dem Formellen der positiven Hälfte ein Stoffiges und Lebendiges parallel ging (§. 17. 18 f.), so entspricht auch der Formrevolution, eine Revolution des Stoffs und des Lebens.

§. 43.

Der Form nach erschien uns die antipositive Lebenshälfte als eine rückwärts gehende positive (§. 22. 23.). Das Laubpflänzchen kam auf der antipositiven Seite als Frucht wieder zum Vorschein (§. 40.), der Same stellte sich als umgekehrte Blüte dar (§. 36.). Mit ihrer lebendigen und stoffigen Seite kann es nicht anders seyn. Der Dauungs-, Ernährungs- und Athmungsproceß des Laubpflänzchens (§. 10.) und die Wurzel-, Stengel- und Blattstoffe desselben (§. 11.) müssen auch im Fruchtpflänzchen und seinen Systemen wiedergesucht und nachgewiesen werden, aber versteht sich auf Fruchtpotenz. Ganz so wird es auch mit dem Samen in Beziehung auf die Blüte seyn. Der Reifungsprozeß des Samens ist in einer künftigen Phyto-Biologie (Cap. I. §. 14. p. 4.) mit dem Begattungsproceß der Blüte zu parallelisiren und seine Systemstoffe, nach denen der Blütenwurzel, des Blütenstengels und des Blütenlaubs zu deuten und zu beurtheilen, aber immer der Genesis des Samens gemäß, der eine umgekehrt gewachsene Blüte ist.

§. 44.

Frucht= und Samenpflänzchen verhalten sich zu einander wie Laub= und Blütenpflänzchen (§. 30.); auch stoffig und thätlich muß es so seyn. Wie demnach der Lebensprozeß und das Stoffverhältniß sich in der Blüte auf höherer Entwicklungsstufe wiederholte, so dasselbe der Frucht im Samen auf höherer samiger Potenz. Das Materielle des Laubpflänzchens ist in der Blüte verschwunden, wo das Dynamische das Somatische überwältigt. Auf ähnliche Weise kehrt die saftige, fleischige Frucht im Samen mit mehr geistigem Charakter wieder. Im Samen ist der ungeheure Trieb zur unendlichfachen Vergrößerung seiner Selbst im engesten Raum gebannt und an so wenig Materiellem gekettet!

§. 45.

Schon hieraus geht die Wichtigkeit einer philosophischen Darstellung des Pflanzenmetamorphosengangs sowohl für die Physiologie (Phyto=Biologie) als auch für die Phytochemie (Phyto=Stöchiologie) hervor. Wer die Frucht lebendig und stoffig erfassen will, ohne das Laubpflänzchen nach diesen beyden Seiten hin begriffen zu haben, oder den Samen physiologisch und chemisch zu untersuchen, unternimmt, ohne die Blüte zur Richtschnur zu nehmen, der liefert nothwendig einseitige, beziehungslose Arbeiten, die dem Ganzen nichts fruchten und steht etwa in dieser Hinsicht dem gleich, der das + E. ohne das — E., das + M. ohne das —

M. ꝛc. erforschen und abhandeln wollte. Das Einzelne muß in seiner allseitigen Beziehung aufgefaßt werden, wenn es dem Ganzen frommen soll. — Die jetzige Phytochemie ermangelt noch gänzlich solcher Arbeiten, weil die wissenschaftlichen Ansichten, das Anregende zu und das Leitende bey denselben fehlten. Es wird auch dahin kommen, wenn man nur erst erkannt hat, daß es so ist und daß nach solchen Prinzipien gearbeitet werden müsse. Man wird dann die vermöge der Spekulation zur Erkenntniß gekommene Wahrheit, daß die Fruchtstoffe die Stoffe der Laubpflanze in sich in umgekehrter Richtung wiederholen, daß die Samenstoffe die Blütenstoffe revolvirt wieder darstellen — auch empirisch nachzuweisen im Stande seyn, weil man mittelst der leuchtend vorangehenden Idee jetzt auf Punkte und Umstände aufmerksam wird, die sonst als unwesentlich übersehen seyn würden. Wer würde wohl in der sogenannten Samenhülle die Stoffe der Laubpflanzenwurzel wieder erkennen, wenn ihn hier nicht die philosophische Betrachtung leitete?

§. 46.

Hiemit ist nun die Pflanzenellipse beschrieben. Wir begannen mit dem Wurzelsystem des Laubpflänzchens, die aus dem Stengel und Laub sich hervorbildeten. Ließen Blüte und Frucht in ihren Entstehungsmomenten an uns vorüberschreiten und gelangten endlich, nachdem auch der Same sich gestaltet hatte, mit der Samenwurzel bey der Laubpflänzchenwurzel wieder an. So berühren sich unten Wurzel und Wurzel, oben Blatt und Blatt. Zwischen beyden Extremen, die sich handelnd als Begatten und Befruchten, als Reifen und Keimen darstellten, oscillirt der ganze pflänzliche Metamorphosencyklus. Sie bilden die Brennpunkte und ihr gegenseitiges Verhältniß giebt die Form der Ellipse, die jegliche Pflanze durchläuft. Je größer der Zwischenraum ist, der zwischen Keimen und Begatten und zwischen Befruchten und Reifen liegt, desto länger ist der von der Pflanze zu beschreibende elliptische Weg und also um so länger ihre Dauer; je kleiner hingegen, desto kleiner. Denn wie die Ellipse zu einem Kreise wird, wenn ihre Brennpunkte zusammenfallen, so wird es auch Pflanzen geben, deren Lebenscyklus sich der Kreisform nähert, nemlich solche, in denen Begatten, Befruchten, Keimen und Reifen nahe zusammenfallen, wie dies bey vielen der sogenannten Cryptogamen der Fall zu seyn scheint. Man hat also bey der Auffassung des Metamorphosengangs einer bestimmten Pflanze zunächst das gegenseitige Verhältniß ihrer Brennpunkte ins Auge zu fassen und das Zeitverhältniß, das zwischen der Vollendung der diese Brennpunkte bildenden Hauptmetamorphosen („Pflänzchen") liegt, genau zu beachten und zu bestimmen; wodurch sich gewiß ganz merkwürdige Gesetze offenbaren, die den Phytometer (den die Pflanze mathematisch auffassenden Forscher) in den Stand setzen werden, den ganzen Metamorphosencyklus einer gegebenen Pflanze in einer einfachen Formel, die das gegenseitige Verhältniß des Kraut-, Blüten-, Frucht- und Samenlebenslaufs umfaßt, darzustellen. Denn gleichwie demjenigen, der irgend eine Figur beschreiben will, nur der erste Zug nach freyer Willkühr überlassen ist und er alle andern Züge im Sinne dieses ersten Anfangs beschreiben muß: also zuerst mit Freyheit, dann aber aus Nothwendigkeit handelt, so auch die Pflanze, die mit einer bestimmten Form beginnend, stets im Sinne dieser Form sich fortmetamorphosiren muß und den Satz durch die That beglaubigt, daß alles Nachfolgende in sich das Vorhergehende auf seine Weise wiederspiegele, und solchergestalt z. B. in der Wurzel schon der Grund für alles nachher Erscheinende liege, mit ihr die ganze Pflanze als nothwendig gesetzt sey und ein schärferes Auge als das gewöhnliche darin schon die ganze künftige Pflanze erblicken müßte. Diese Ansicht berechtigt nun zu schönen Erwartungen und spornt an, die Zeichen und Bilder deuten und verstehen zu lernen, die die Pflanze überall in den herrlichsten Formen und Farben zur Schau stellt. Zunächst ist der specifische Zusammenhang der größern Bestandformen der Pflanze, und namentlich — um doch mit einem den Anfang zu machen — das quantitative Verhältniß der Lebensdauer der Pflänzchen; also ihre Entwicklungsgeschichte der Zeit nach zu bestimmen. Es ist nicht mehr als zu gewiß, daß hier ein bestimmtes Verhältniß obwalte, und daß z. B. eine Blüte, deren Laubpflänzchen (woraus sie sich entwickelt) ein Zeitverhältniß = 10 gebraucht, um sich völlig auszubilden, selbst ein anderes Alter erreiche als diejenige, deren Mutterpflanze in einem Zeitverhältniß = 5 sich vollendet. Mit gleichen Pflanzen in verschiedenen Climaten und unter verschiedenen Einflüssen, die z. B. die Entwicklung des Laubpflänzchens ungewöhnlich beschleunigen oder verzögern, wären die Versuche zu beginnen und dann auf verschiedene Pflanzen auszudehnen. Es läßt sich voraussehen, daß hier höchst interessante Resultate zu erhalten sind, wenn man nur mehrere Pflanzen derselben Art zugleich beobachtet und aus den Beobachtungen das Mittel zieht.

§. 47.

Schließlich wenden wir uns nun zum lebendigen Verhältniß der vier Pflänzchen der Pflanze zu einander, deren Lebenslauf so eben zu zeichnen versucht wurde.

§. 48.

Das Blütenpflänzchen wuchs aus dem Laubpflänzchen (§. 13.), und diese aus dem Samenpflänzchen hervor (§. 36.). Die Frucht evolvirte sich aus der Blüte und wurde wieder die Mutter des Samens (§. 38.). Parasitisch keimte und wuchs die eine aus der andern. Das Neuerzeugte wurde bey seinem Fortwachsen Todbringend für den Erzeuger! — Die Potenzirung des Laubpflänzchens zur Blütenmetamorphose bedingt den Uebergang des erstern, weshalb die Blütenentwicklung als dessen Revolutionsperiode betrachtet werden muß, durch welche es seinem Ende entgegensteht. Man ziehe die aufsteigende Hälfte der Ellipse (a und b, vergleiche die Tafel II.) zusammen zu einer neuen Ellipse, so hat man das Schema für die Metamorphosen, welche das Laubpflänzchen durchläuft. Die positive Hälfte dieser kleinen Ellipse wird von dem Laubpflänzchen, die antipositive Hälfte hingegen von der Blüte durchwandert. Wie überall so ist auch hier jegliches Verhältniß nur beziehungsweise, und daher die Blütenentstehung in Bezug auf das Laubpflänzchen eine Revolution, die ihr Daseyn untergräbt.

§. 49.

Dasselbe kehrt zwischen den andern Pflänzchen wieder. Ziehe die Abschnitte b und c (der Tafel II.) in eine Ellipse zusammen, so nimmt die Blüte die positive, die Frucht die antipositive Hälfte ein, was auch nicht anders seyn kann, wenn man die Folgen der Befruchtung und des Fruchtausbildens fürs Blütenleben näher erwägt. Auf ähnliche Weise geben c und d und d und a zum elliptischen Kreis vereinigt, Schemata für das lebendige, antagonistische Verhältniß der Frucht zur Samenausbildung und des Samens zur Laubpflänzchenentwickelung. Der Same bedingt durch sein Entstehen den Untergang der Frucht, und das Laubpflänzchen rächt diesen Tod dadurch, daß sie den Samen in sich aufnimmt und als solchen zernichtet. So ist auch hier im Pflanzenreich, wo in friedlicher Ruhe und Eintracht jedes Einzelne sich fort- und fortzubilden scheint, der Egoismus und der Haß des Einzelnen plastisch dargelegt.

§. 50.

Dieses egoistische Treiben der einzelnen Bestandformen der Pflanze steht aber dennoch in einem so harmonischen Einklang, daß es zur Erhaltung des Ganzen wesentlich förderlich ist. Denn man kann im strengsten Sinne des Wortes sagen, daß die normal sich metamorphosirende Pflanze nie sterbe, sondern fort und fort, unter den verschiedensten Gestalten lebe und bestehe. Die Pflanze giebt sich in ihren typischen Evolutions- und Revolutionsmomenten als das schönste Vorbild der sich verwandelnden Raupe kund. Aus der samigen Verpuppung sproßt sie am warmen Frühlingshauch mit krautiger Metamorphose hervor, sich des Samigen als todter Hülle entäußernd. Im Sommer feyert sie eine neue Umwandlung, läutert sich gleichsam und blüht als die den Schmetterling vorahnende Blume der Sonne entgegen, die von der herbstlichen Planetenspannung umweht, vom ätherischen Blütenleben zur Fortbildung des in ihrem Schoße sorglich gepflegten Eyes (Fruchtknoten) schreitet und in der durch Materialität und Fülle sich charakterisirenden Frucht das Ebenbild der Raupe nicht verkennen läßt; und wie diese in sich schon wieder die Bildungsmomente zu der neuen Metamorphose (Puppe) enthält, so auch die Frucht, die in ihrer Samenverpuppung überwintert und im Frühjahr und Sommer als Kraut und Blüte dem Schoos der Erde sich zu entwinden und davon — zu wachsen strebt. So geht also das in grünen Teppichen sich breitende Kraut, die in bunten Gewändern sich kleidende Blume, die mit körperlichem Inhalt sich blähende Frucht endlich hinüber in den farblosen, aller Pracht und Schönheit entbehrenden, das treffendste Symbol geistiger Kraft bey entsprechendem Zurücktreten formaler und materialer Bildung darstellenden — Samen, um vonhier aus einen neuen elliptischen Umschwung zu beginnen, in dessen Beendigung schon wieder der Anfangspunkt für den abermaligen Umlauf liegt und so bis ins Unendliche fort. Wer verkennt hier zugleich auch die treueste Abspiegelung des Planetenlaufs in dem Metamorphosengang der Pflanze (§. 1.). Eine nähere Betrachtung zeigt die völlige Identität auf der entsprechenden Stufe. Das Laubpflänzchen entspricht der Frühlingsmetamorphose im Planetenleben. Auch ist, wenn man nur das Pflanzenreich im Allgemeinen vor Augen hat, die Frühlingsvegetation durch die Kräuter charakterisirt, indem damit die Pflanze ihre Entwicklung beginnt, wie der Planet seinen Lebenscyklus mit dem Frühling. Im

Sommer sind die Blumen das bey weitem Vorwaltendste und im Herbst die Früchte. Keine von allen dreyen erlebt aber den Winter. Das Kraut verwelkt, die Blüte stirbt, die Frucht verfault, nur der Same bleibt übrig, er ist Winterpflanze, die nur im Trocknen und Kalten sich behaglich fühlt: nur im Winter seine Samenindividualität behauptet, die er zum Frühjahr dem Nassen, Warmen, Hellen, kurz dem solaren Planetenleben zum Opfer bringt. Was kann das Wesen des Samens wohl treffender darlegen als dieses: Winterpflanze zu seyn? Der Same ist ohne Zweifel das schwierigste Problem für die ganze Phytologie. Welches Insichgekehrtseyn, welche hartnäckige Verschlossenheit! Welch ein ungeheures Leben verbirgt ein kaum sichtbarer Same! Alles ist vergeistigt und seine realen Seiten durchschlingen sich so, daß das Auge des Forschers umsonst sich ihrer zu bemeistern müht. Alles Momente, um die Samenwissenschaft zu erschweren, die bis dahin auch noch gar nicht vorhanden ist.

Eine künftige Spermatologie hat sich bey ihren Untersuchungen hauptsächlich an die Analogie zwischen Same und Insektenpuppe oder Ey zu halten, weil beyde sich erläutern müssen wie der Schmetterling die Blume, und wie die Raupe die Frucht (und was uns noch wahrscheinlicher scheint, das Kraut — wir sind hier noch nicht im Klaren, aber in Zukunft, wo wir behufs der Zoochemie die Thiermetamorphose zeichnen werden und mit den Insekten beginnen — wird es sich zeigen.)

Die Identität und der durchgreifende Parallelismus zwischen Pflanzen- und Planetenmetamorphose ist demnach so klar wie nur irgend etwas, und giebt so die schönsten Belege für die Richtigkeit unsers zum Grunde gelegten Prinzips (§. 1.). Eine künftige Planetologie möge daher nicht verschmähen, die das ganze Planetenleben im Miniatür nachbildende Pflanze zu betrachten und ihre stille rastlose Bildsamkeit, die sie in den verschiedensten Formen plastisch beurkundet, zur Richtschnur bey der Betrachtung des colossalen Ganzen, des Planeten zu nehmen.

Anm. Wenn man den hier ausgesprochenen Grundsatz von der Charakteristik der Jahreszeiten durch die Flora und umgekehrt, in der Wirklichkeit aufzufinden sich bemüht, so stimmt es nicht ganz. Der letzte Frühlingsmoment (Mai) steht schon in voller Sommerflor (Blütenpflanzen), der letzte Sommermonat (August) bringt schon Früchte in so reichlichem Maße zur Reife, daß die von ihm gepflegten Blütenpflanzen dagegen in nichts verschwinden. Woher diese Anomalie? — Die Antwort ist leicht: die Pflanze liest den Kalender nicht, und der Kalender kümmert sich eben so wenig um die Pflanzen. Wenn, da das erstere von der stillen, in sich gekehrten Pflanze nicht zu verlangen ist, nur das letztere geschähe und man für jeden geographisch wichtigen Punkt der Erde die Jahreszeitbestimmung nach der demselben eigenthümlichen Flora machte, so würden daraus für die Wissenschaft des Planetenlebens äußerst wichtige, mit größter Leichtigkeit übersehbare Resultate hervorgehen.

§. 51.

Der hier dargestellte Metamorphosengang der Pflanze muß sich, wenn er wahr ist, bis in die kleinsten Details bewähren, und daher bey allen Lebensverhältnissen der Pflanze und ihrer Bestandformen sich wieder finden. Das oben im Allgemeinen aus der Idee der Pflanze Entwickelte gilt daher für jede Pflanze, jedes Pflänzchen dieser Pflanze, jedes System dieses

Pflänz-

Pflänzchens und jedes Organ dieses Systems ꝛc. Auch der geringfügigste Theil einer Pflanze beschreibt auf seine Weise denselben Cyklus wie sein Mutterstamm, dessen integrirenden Theil er ausmacht. Denn in der Idee besteht ja die Pflanze aus lauter kleinen Pflanzen, die parasitisch auf einander wachsen, und deren Gesammtleben das Leben der Pflanze giebt. — Die Wurzel, der Stengel, das Laub daher für sich, werden ähnliche Ellipsen beschreiben wie die ganze Pflanze, deren Abbild sie sind. Hier ist von der Physiologie und Phytochemie noch alles zu thun. Man betrachte z. B. ein Blatt von seinem Entstehen an bis zu seinem Vergehen; welche merkwürdige Perioden durchläuft es! Vom schönsten Grün durchlebt es alle möglichen Schattirungen des Gelben, Rothen und Braunen, bis es am Ende mit grauem oder schwarzem Gewande dem gleichfarbigen Erdboden gänzlich zum Opfer wird. Das schöne Grün fällt ohne Zweifel mit dem höchsten Lebensstadium des Blatts zusammen. Von hier aus beginnt die Blattrevolution, das Zurückgehen in den Stengel- und Wurzelzustand, für welchen Rückgang die Farbennüancen, denen entsprechende Stoffe parallel gehen müssen, sehr wichtige Andeutungen für die Untersuchungen sind, die mit Sinn angestellt, ergeben möchten, daß das Gelb- und Rothwerden der Blätter (vor oder nach dem Fall) ein Beweis vom Zurückgekehrtseyn in den Stengelzustand sey und daß sie alsdann wirklich Stoffe enthielten, die denen der Stengelrinde entsprächen. Von einer desfalsigen Untersuchung hoffen wir viel für die Physiologie der Pflanzen. Mit Freuden werden wir sie in Zukunft beginnen und vollführen, wenn günstige Umstände uns hold sind. —

Anm. Solche und ähnliche Erscheinungen hat man krankhafte Metamorphosen genannt Sie sind aber ihrem Wesen nach nichts weiter als das Zurückgehen des individuellen Theils in den uranfänglichen Zustand, was nur durch Anderswerden: rückschreitende Metamorphose, möglich ist.

§. 52.

Endlich ergeht nun noch die Anforderung an uns, alles hier von der Metamorphose der Pflanzen Vorgebrachte mit dem Gewande der reinsten Wissenschaftlichkeit dadurch auszustatten, daß wir zeigen, auf welche Weise sich das (Tafel II.) dargestellte Metamorphosenschema ins Bewußtseyn, ins Wissen aufgenommen wiederspiegelt, wodurch dann die Wissenschaft von der Pflanzenmetamorphose sich gestaltet. Wie jegliches Wissen nur der ideelle, geistige Abdruck des Zuwissenden, also nur sein treues Ebenbild auf geistige Weise seyn kann, so gelangt auch die Metamorphose nur gleichsam durch eine Vergeistigung zu der Höhe, wo der Grund alles menschlichen Wissens liegt und der schauende menschliche Geist mit der beschaulichen Pflanzenmetamorphose zur Einheit kommt, wodurch dann die Wissenschaft von der Pflanze und vom Pflanzenreich (Phytologie), weil sie nie anders realiter als metamorphosirend (in Evolution oder Revolutionsbegriffen) gedacht werden können, erst in ihrer wahren Gestalt sich manifestirt. Schon oben (Cap. I. §. 36.) zeigten wir, daß die wahre Form der Phytologie nichts weiter als das Geistige des real erscheinenden Metamorphosencyklus der Pflanze sey und daher eine völlige Identität wie zwischen Idealem und

Realem zwischen beyden obwalte. In dieser wissenschaftlichen Auffassung des Metamorphosenganges kehrt aber nothwendig, weil die Wissenschaft überhaupt nichts willkührliches, sondern etwas bestimmtes, nothwendiges ist, die Phytologie, wie sie oben (vergl. Tafel I.) in der Idee ihrer Genesis nach, dargestellt worden, wieder, aber als Phytologie des pflänzlich real-Erscheinenden, als **Phytologie der sich metamorphosirenden Pflanze** (denn nur so kann die Pflanze sich als daseyend manifestiren). Diese Gestaltung der Phytologie wollen wir jetzt nun noch in den Grundzügen darstellen, die, wie sich ergeben wird, nichts weiter ist als die Pflanzenmetamorphose auf **Wissenschafts-Potenz.**

§. 53.

Der Zerfallung der Pflanze in vier Hauptformen (Pflänzchen) gemäß, theilt sich die **Phytologie** der concreten Pflanze gleichfalls in vier Hauptwissenschaften, die gleichwie die Pflänzchen, Systeme ꝛc. haben, auch wieder aus Wissenschaften niederer Ordnung bestehen.

I. Wissenschaft vom Laubpflänzchen (Poälogie) *);
sie zerfällt in
1. die **Wissenschaft von dem Wurzelsystem: Poärhizologie**; diese bezieht sich
A. auf das Leben des Wurzelsystems: Poärhizo-Biologie, und ist:
a. spekulativ: Poärhizo-Biogenie;
b. mathematisch: Poärhizo-Biometrie;
c. empirisch: Poärhizo-Bioscopie.

*) Müßte heißen Poelogie; allein um des Wohlklanges bey den Zusammensetzungen willen, erlauben wir uns obige Abänderung.

B. Auf den Stoff des Wurzelsystems: Poärhizo-Stöchiologie; auch die ist:

a. spekulativ: Poärhizo-Stöchiogenie;

b. mathematisch: Poärhizo-Stöchiometrie;

c. empirisch: Poärhizo-Stöchioscopie.

C. Auf die Form des Wurzelsystems: Poärhizo-Morphologie, ist gleichfalls:

a. spekulativ: Poärhizo-Morphogenie;

b. mathematisch: Poärhizo-Morphometrie;

c. empirisch: Poärhizo-Morphoscopie.

2. Wissenschaft vom Stengelsystem: Poästelechologie; bezieht sich

A. auf das Stengelleben: Poästelecho-Biologie, und ist

a. spekulativ: Poästelecho-Biogenie;

b. mathematisch: Poästelecho-Biometrie;

c. empirisch: Poästelecho-Bioscopie.

B. Auf den Stengelstoff: Poästelecho-Stöchiologie, und ist

a. spekulativ: Poästelecho-Stöchiogenie;

b. mathematisch: Poästelecho-Stöchiometrie;

c. empirisch: Poästelecho-Stöchioscopie.

C. Auf die Stengelform: Poästelecho-Morphologie; diese ist gleichfalls:

a. spekulativ: Poästelecho-Morphogenie;

b. mathematisch: Poästelecho-Morphometrie;

c. empirisch: Poästelecho-Morphoscopie.

3. Wissenschaft vom Blattsystem: Poäphyllologie; bezieht sich

A. Aufs Leben des Blatts: Poäphyllo-Biologie; und ist

a. spekulativ: Poäphyllo-Biogenie;

b. mathematisch: Poäphyllo-Biometrie;

c. empirisch: Poäphyllo-Bioscopie.

B. Auf den Stoff des Blatts: Poäphyllo-Stöchiologie; ist:

a. spekulativ: Poäphyllo-Stöchiogenie;

b. mathematisch: Poäphyllo-Stöchiometrie;

c. empirisch: Poäphyllo-Stöchioscopie.

C. Auf die Form des Blatts: Poäphyllo-Morphologie;

a. spekulativ: Poäphyllo-Morphogenie;

b. mathematisch: Poäphyllo-Morphometrie;

c. empirisch: Poäphyllo-Morphoscopie.

II. Wissenschaft vom Blütenpflänzchen, Anthologie; sie zerfällt in

1. die Wissenschaft vom Blüten-Wurzelsystem: Anthorhizologie;
2. die Wissenschaft vom Blüten-Stengelsystem: Anthostelechologie; und
3. die Wissenschaft vom Blüten-Laubsystem: Anthophyllologie.

Anm. Jede dieser Wissenschaften zerfällt nun, wie oben die Wissenschaften der Poälogie, nach dem Leben, dem Stoff und der Form, und nach der spekulativen, mathematischen und empirischen Seite hin; was sich jeder nach dem Obigen selbst entwickeln mag.

III. Wissenschaft vom Fruchtpflänzchen, Carpologie; theilt sich nach den drey Fruchtsystemen in

1. die Wissenschaft vom Fruchtlaubsystem: Carpophyllologie;
2. die Wissenschaft vom Fruchtstengelsystem: Carpostelechologie;
3. die Wissenschaft vom Fruchtwurzelsystem: Carporhizologie.

Anm. Alle drey Wissenschaften zerfallen, wie die vorhergehenden, auf ideale, reale und formale Weise und sind in dieser Zerfallung spekulativ, mathematisch und empirisch.

IV. Wissenschaft vom Samenpflänzchen, Spermatologie.

Zerfällt nach den Samensystemen in

1. die Wissenschaft vom Samenlaub: Spermatophyllologie;
2. die Wissenschaft vom Samenstengel: Spermatostelechologie;
3. die Wissenschaft von der Samenwurzel: Spermatorhizologie.

Anm. Diese Wissenschaften folgen rücksichtlich der fernern Eintheilung dem Beyspiel der vorigen. (Vergl. Tafel III).

Es wären nun noch die Wissenschaften der vier Uebergangsformen der Pflanze, der Blüten-, Frucht-, Samen- und Laubpflanzenknospe anzudeuten, allein man weiß noch so wenig von diesen Knospen, daß es voreilig wäre, hierüber jetzt schon etwas zu sagen — das Gegebene mag demnach genug seyn.

§. 54.

Richten wir nun unsern Blick auf das, was Andere vor uns gethan — auf die Arbeiten eines Göthe, Kieser, Oken — so ergiebt sich bey unbefangener Betrachtung, daß dieselben voll trefflicher Winke und Andeutungen für die Metamorphose der Pflanzen und die wissenschaftliche Würdigung derselben sind, indem sie solche vorbereiteten — in sich aber, keinesweges zur innern Vollendung gelangten.

§. 55.

Göthe hat den Ruhm, hier die Bahn gebrochen zu haben. Dieser sinnige Forscher ist der Schöpfer der Lehre von der Metamorphose der Pflanzen. Aber seinen Leistungen traf das Loos alles Beginnenden: sie gelangten nicht sogleich und auf einmal zur innern Vollendung. Göthe erkannte *) nemlich nur die „fortschreitende Metamorphose" als eine der Pflanze wesentliche und nannte sie daher die regelmäßige **). Von einer dieser nothwendig parallel gehenden rückschreitenden ist nicht die Rede. Göthe erwähnt zwar einer solchen ***), aber im pflänzlich-krankhaften Sinne, und nennt sie deshalb die unregelmäßige, z. B. die Entstehung gefüllter Blumen auf Kosten der Geschlechtstheile. — Bey Göthe'n ist während des gesunden regelmäßigen Wachsthums der Pflanze Alles Fortschritt: „denn," bemerkt derselbe †), „sie (die fortschreitende Metamorphose) ist es, welche sich von den ersten Samenblättern bis zur letzten Ausbildung der Frucht immer stufenweise wirksam bemerken läßt — — und aus dem Samenkorn zur

*) Göthe Versuch die Metamorphose der Pflanzen zu erklären. Gotha 1790.

**) A. a. O. p. 3.

***) A. a. O p. 4.

†) Ebendas. p. 3.

Befruchtung unaufhaltsam vorwärts schreitet". Das Befruchten und Fruchtbilden ist hier nach Göthe's Ansicht eben so gut ein Fortschreiten in der Bildung der ganzen Pflanze als das Blütenentwickeln und Begatten es ist. Wäre dies, so würde die Frucht und das Samenkorn das höchste seyn, wozu es die Pflanze brächte, was aber keinesweges der Fall ist und sich schon aus der Vergleichung des Wesens der Blüte mit Frucht und Samen ergiebt. Denn einestheils sind die Fruchtfunktionen gänzlich im reproduktiven befangen — sie sind den Laubpflanzenfunktionen sehr ähnliche Prozesse und Verdauen, Ernähren und Athmen treten hier sehr mächtig wieder auf, was das materielle Steigern und Vorwalten der Frucht auf Kosten der zarten Blüte hinlänglich beweist. Gegentheils aber sind die Blütenfunktionen geistigerer Natur, die im Geschlechtsakt zur höchsten Aeußerung kommen und bey manchen Pflanzen fast thierisch-willkührlich werden. Schon dies giebt, von allem andern abgesehen, der Blüte den Adel, wodurch sie höher steht als die Frucht, deren Ausbildung sonach nur ein Rückschreiten, keinesweges aber ein Fortschreiten für die Blüte genannt werden kann. Die Blüte muß ja sterben, wenn die Frucht entstehen soll. Eben so verhält sichs mit dem Samen; dessen Entstehung = der der Frucht allerdings eine Evolution ist, die eine fortschreitende Metamorphose begründet, allein im Verein mit der Entwicklung der Pflänzchen der Pflanze ist sie Rückschritt, Abwärtssteigung vom Licht- und Luftorganismus, dem Blütengipfel zur Finsterniß und zur Erde. Alles kehrt zu dem zurück, woher es gekommen; wie der Mensch vom Kinde zum Jüngling und Mann durch

Mann und Jüngling zum Kinde (Greis), so die Pflanze vom Samen durch Kraut, Blüte und Frucht zum Samen, und wir können hier wohl nach dem Geistesverwandten Göthe's mit einiger Abänderung sagen:

Alles, du ruhige, schließt sich in deinem Reich; so kehret
Auch zur Wurzel die Pflanz', samig und wurzlig zurück.

Die Mißkennung der dem Pflanzenmetamorphosengange nothwendigen, zweyten, absteigenden Hälfte fällt wohl nicht so sehr dem Forschungsgeiste des genialen Dichters als vielmehr der damaligen Zeit zur Last, in welcher die Vorarbeiten zu einer solchen Ansicht noch gänzlich mangelten.

§. 56.

Kiesers Arbeiten im Bereiche der Pflanzenwelt sind über unser Lob erhaben. Seine Aphorismen *) sind ein funkelnder Leitstern im dunkeln Gebiet des Pflanzenlebens. Daß derselbe uns nicht mit einer Darstellung des pflänzlichen Lebenscyclus beschenkte, hatte unfehlbar seinen Grund nur darin, daß seine Thätigkeit für andere, höhere Gegenstände in Anspruch genommen wurde. Wir wagen daher zu behaupten, daß keiner wohl vorzugsweise die Metamorphose der Pflanzen hätte zeichnen können, als Kieser, der Erste, der mit größter Klarheit und Consequenz das Verhältniß der Auf- und Absteigung der Evolution und Revolution im Lebenslauf der Krankheit durchführte **). — Im Lebenslauf des Krankheitsorganismus spiegelt sich der

*) Dr. D. G. Kieser Aphorismen aus der Physiologie der Pflanzen. Göttingen 1808.

**) System der Medizin. 1. Bd. Halle 1817. „Physiologie der Krankheit."

oben entwickelte pflänzliche Lebenscyclus vollkommen ab, und wir gestehen gern, daß uns Vieles über das innere Verhältniß desselben durch die Kieserschen Arbeiten zur Klarheit kam.

Aber unerachtet dieses ungeheuren Schrittes, den Kieser das Wesen des Krankheitsorganismus in seiner ganzen inhaltschweren Tiefe erfassend that, erkannte derselbe dennoch nicht die rückschreitende Pflanzenmetamorphose als eine dem Lebenscyclus der Pflanze nothwendige, sondern auch bey ihm ist Alles fortschreitende Metamorphose. Denn Er bemerkt: „Die allgemeine Idee alles Organischen und so auch der Pflanze — ist fortschreitende Metamorphose" *). Darum ging demselben auch die wahre Bedeutung der Frucht und des Samens verloren, indem Er beyde nicht als ein Paar dem Laubpflänzchen und der Blüthe gleichwerthige Faktoren betrachtet, sondern die Frucht als ein Stengelartiges **), den Samen als Theil der Blüte, die Indifferenz zwischen Stamen und Pistill ausmachend, ansieht ***). Kieser gedenkt auch zwar der rückschreitenden Metamorphose, aber wie Göthe im krankhaften Sinn als Objekt der Pflanzenpathologie. Dies hat allerdings seine Richtigkeit, nur ist die Gränze zu eng gesteckt — denn sind nicht auch Frucht und Samenausbildung Krankheiten, Todbringende Prozesse für Kraut und Blüte? Auch scheint uns die von Kie-

*) Dr. D. G. Kieser Elemente der Phytonomie, I. Th. Phytotomie. Jena 1815 p. 4. §. 10. und p. 7. §. 24., vergl. auch p. 247. § 525.

**) Ebendas. p. 188 §. 411.

***) Ebendas. p. 34. § 118.

ser dem Samen beygelegte Knospenbedeutung nicht physiologisch begründet zu seyn, indem Knospe etwas Unvollkommenes, Unvollendetes, sich erst entwickeln Wollendes bedeutet (wie z. B. Blütenknospe), der Same aber etwas in sich Ausgebildetes, zur relativen Ruhe Gekommenes ist, der sich nicht entfaltet, wenn er keimt, sondern zerstört wird, und aufhört Samen zu seyn. Die Knospe enthält das, wozu sie wird, schon in sich gebildet. So expandirt sich ja nur die Blütenknospe, die Fruchtknospe (Fruchtknoten) rc., um Blüte und Frucht zu werden. So nicht der Same, wenn aus ihm das Laubpflänzchen wird. Die Systeme des Laubpflänzchens sind im wahren Samen noch gar nicht enthalten, sondern nur im gekeimten, der allerdings Knospe —: Laubpflänzchen-Knospe ist. Es herrscht bey allen Pflanzenanatomen und Botanikern diese Verwechselung des keimenden oder gekeimten Samens, mit dem wahren, unveränderten Samen, dem die Systeme (oder Organe) Plumula und Rostellum, die als solche überall angegeben werden, durchaus fremd sind. Ein Same, in welchem schon diese Bildungsformen sich zeigen, ist nicht mehr Same, sondern Knospe: — Laubpflänzchenknospe. — Es würde uns freuen, wenn ein Kieser, den wir Lehrer und Freund zu nennen das Glück haben, unseren Einwürfen und überhaupt dem hier gegebenen Metamorphosencyclus seine Aufmerksamkeit nicht entzöge.

§. 57.

Oken hat in Meisterzügen einzelne innere und äußere Verhältnisse der Pflanzenwelt dargelegt *); hat

*) Oken's Lehrbuch der Naturphilosophie. II. Jena 1810.

die Wiederholung vieler niederer Pflanzensysteme im Höhern nachgewiesen und die Bedeutung der Theile musterhaft gegeben; aber auch manches falsch gedeutet, oder die ursprüngliche Deutung nicht streng genug verfolgt. Wir wollen hier, was zum Theil schon im Vorhergehenden geschehen ist (§. 14. §. 26.), noch Einiges anführen, und hoffen, daß unser verehrter Lehrer, der dem jurare in verba magistri durch sein ganzes Wissenschafts-Leben sich stets thätlich widersetzte, auch hier mit gewohnter Unbefangenheit und Freymüthigkeit die Einwürfe betrachte. Die herrliche, unsers Wissens zuerst von Oken ausgesprochene Ansicht: die Blüte sey Laubpflanze in höherer Potenz, und Wurzel, Stengel, Laub, wiederholten sich darin auf Blütenweise, ist Oken, im Speciellen nachzuweisen, nicht ganz gelungen, indem derselbe die richtige Deutung mancher Theile gänzlich verfehlte. So ist ihm der Same die Blütenwurzel, die Kapsel das Stengelige der Blüte: „Kapsel ist der Stamm in der Blüte, Samen ist die Wurzel in der Blüte. Dieses der Charakter und die Definition der genannten Theile" *). Daß diese Ansicht eine nicht richtige sey, ist schon erörtert (§. 14. 1. 2. §. 26. 2. 3.), auch widerlegt Oken dieselbe von der Samenbedeutung auf mehreren Stellen selbst, z. B. (§. 1318): „Der Same ist die ganze Pflanze im Miniatür" und (§. 1326.) „Aus dem Samen muß sich wieder eine ganze Pflanze entwickeln. Eigentlich ist die Pflanze nichts als eine Vergrößerung des Samens." Wenn nun der Same

*) Ebendas. §. 1286. p. 93.

dieses ist, worin wir Oken in Bezug auf das Laubpflänzchen mit voller Ueberzeugung beystimmen, so kann er nicht Wurzel der Blüte seyn, überhaupt hat ja die Blüte als Blüte mit dem Samen noch gar nichts zu thun. —

§. 58.

Daß die verfehlte Deutung der Blütensysteme auch die mancher anderer nach sich zog, steht zu erwarten. Dadurch daß der Kapsel, dem Hauptbestandtheil der Frucht, Blütenstengelbedeutung aufgedrungen wurde, ging Oken die wahre Bedeutung der Frucht verloren, die wir ihr mit dem Prädikat Fruchtpflänzchen (§. 25.) wieder vindizirt zu haben glauben. Den Samen hingegen erkannte Oken, ungeachtet Er ihn fälschlich Wurzel nannte, als ganze Pflanze mit Wurzel, Stengel und Laub, aber auch in deren speciellen Nachweisung fehlte Oken, weil Ihm nicht der Same in seiner organischen Integrität, sondern der veränderte, gekeimte Same vor Augen stand. Daher nennt Oken auch das Blattfederchen den ganzen Stamm (des Samens) sammt Aesten und Blättern *). Wo aber ein Blattfederchen erscheint, da ist kein Same mehr, sondern ein in die Laubpflanze sich verwandelt habender Same. Es ist also diesem ganz fremd und kann nicht sein Blattbedeutendes seyn. Endlich können wir der von Oken gemachten Unterscheidung und Eintheilung der Hauptbestandformen der Pflanze (die Oken Organe nennt) nach den von demselben angenommenen vier Elementen: Erde, Wasser, Luft und Feuer **), durchaus nicht

*) A. a. O. p. 97. §. 1318.

**) Ebendas. p. 62. 64. 70. und p. 76.

beypflichten. Erstlich hat Oken hier seinem eignen Prinzipe: daß „das Vorhergehende den Eintheilungsgrund für das Nachfolgende enthalte" selbst zuwider gehandelt, da Er nach diesem nicht die Elemente, sondern die Mineralien zum Eintheilungsgrund hätte wählen müssen, weil sie es sind, die der Pflanzenevolution vorbereitend vorangehen. Zweytens entspricht diese Eintheilung nicht den Forderungen der Wissenschaft, wie das Resultat derselben hinlänglich zeigt, indem hier unter einer Abtheilung nicht gleichwerthige (wie es doch billig seyn sollte), sondern ungleichwerthige Faktoren kommen, dergleichen Wurzel, Stengel, Laub, in Bezug auf die Blüte sind, die ja zusammen nur (= Kraut oder Laubpflänzchen §. 7. 8.) Blütenwerth haben. Endlich drittens stimmt es nicht mit der empirischen Forschung, die an der Pflanze auch Frucht und Samen bemerkt, die bey der Okenschen Eintheilung aber schlecht wegkommen. — Möge Oken durch das Gesagte bewogen werden, unsere in diesem Aufsatze entwickelte Ansichten näher zu prüfen und zu würdigen.

§. 59.

Wir können nicht umhin, schließlich noch einen Blick auf die Gesammtheit der Pflanzen, aufs Pflanzenreich zu werfen, um in diesem großen Organismus den merkwürdigen Metamorphosengang der einzelnen Pflänzchen der kleinen Pflanze wieder zu erkennen. Ist das Pflanzenreich ein Ganzes, eine kolossale Pflanze, die alles das in einem größern Style wieder darstellt, was bey der einzelnen kleinen Pflanze sich vorfand, so wird auch der Metamorphosencyclus dieses großen Ganzen ein dem der kleinen Pflanze analoger seyn, dergestalt, daß das von dieser Bewiesene auch das Grundschema für die Metamorphose des Pflanzenreichs abgiebt.

§. 60.

Die vollendete kleine Pflanze zerfiel uns zunächst in Hauptformen: Pflänzchen, z. B. Laub-, Blüten-, Frucht-, Samenpflänzchen ꝛc. Jede dieser Pflänzchen theilte sich wieder, wir nannten diese Abtheilungen Systeme (§. 8. und 14.), z. B. Wurzel, Stengel, Blatt. — Das System (dessen Zerfallung wir oben nicht weiter nachsuchten) ist nun wieder zusammengesetzt, seine Bestandformen nennen wir Organe; so sind z. B. die Organe des Stengels: Rinde, Bast und Holz, die des Blattes Oberfläche, Unterfläche, Stiel *). Ein jedes solches Organ besteht unläugbar wieder aus Organen (niederer Ordnung), nemlich aus Zelle, Spiral, Gefäß oder Gang (Intercellulargang). Wir nennen diese, in Ermangelung eines passenden Collektivnamens Gewebe, weil das Diminutivum von Organ ohne Verletzung des Gehörs sich hier nicht gut gebrauchen läßt, und die von Kieser gebrauchte Benennung „Formation" uns in den Zusammensetzungen etwas zu lang scheint. Das Holzorgan z. B. bestände sonach aus Zellgewebe, Spiralgewebe und Gang oder Gefäßgewebe (daß Zell- und Ganggewebe in den meisten Fällen zusammenfallen, kann hier nicht irre machen.)

Anm. Wir denken hier gar wohl daran, daß niedern Pflanzentheilen und vielen Pflanzen der unvollkommnern Entwicklung die Spiralfasern fehlen; wo dies ist, treten andere ana-

*) Vergl. Kieser Anatomie der Pflanzen. Jena 1815. §. 91. 92. p. 25.

loge Bildungstheile auf, die die Spiralfasern vicariiren, und sind dann für solche zu nehmen.

§. 61.

Man muß sich, da in Bezug auf jede Lebenshälfte das Nachfolgende immer die Wiederholung des Vorhergehenden auf höherer Potenz darstellt, das gegenseitige Verhältniß dieser verschiedenen Bestandformen der kleinen Pflanze als aus einer Urform hervorgehend, denken und kann sie sich so versinnlichen, daß man eine Form als die ursprüngliche setzt und die andern die potenziellen Steigerungen derselben seyn läßt. Wählt man für diese Urform, um das lebendige, stoffige und formelle Verhältniß mit einem Worte zu bezeichnen, die Benennung Organ, so erscheint die Pflanze, wenn man Zelle, Spiral und Gefäß oder Gang (die Gränzen der Phytotomie) als ihre ursprunglichen Organe oder Elementarorgane setzt, als eine vierfache Potenzirung dieser Organe, nach folgender Bezeichnung:

1. Organ (Elementarorgan) = Gewebe:
   Zell=, Spiral=, Gang ꝛc.
2. Organ^2 = Organ (im engern Sinn):
   Rinde, Bast, Holz ꝛc.
3. Organ^3 = System:
   Wurzel, Stengel, Blatt ꝛc.
4. Organ^4 = Pflänzchen:
   Laub=, Blüten=, Frucht= und Samenpflänzchen ꝛc.
5. Organ^5 = kleine Pflanze.

Anm. Nach einer entsprechenden Darstellung des gegenseitigen Verhältnisses der Pflanzenbildungstheile (Organe) haben wir uns vergebens umgesehen; es herrscht hier noch große Unbestimmtheit aus Mangel einer richtigen Deutung der Pflanzentheile ꝛc. Fast allgemein findet man Wurzel, Stengel, Laub, dem Range nach, der Blüte, der Frucht und dem Samen gleichgestellt, da sie doch augenscheinlich alle drey zusammen (= Kraut- oder Blütenpflänzchen §. 9.) erst zu einem jenen gleichwerthigen Faktor sich erheben.

§. 62.

Diese fünf Bestandformen der Pflanze sind nun auch im Pflanzenreich real geworden, so daß, wenn die Pflanze aus Pflänzchen, das Pflänzchen aus Systemen, das System aus Organen und endlich das Organ aus Geweben besteht (§. 60.); das Pflanzenreich ähnlichen Eintheilungen gehorcht und in Pflanzengruppen, Familien, Gattungen und Arten zerfällt, die den Bestandformen der Pflanze folgendermaßen entsprechen:

Pflanze = Pflanzenreich;
Pflänzchen = Pflanzengruppe;
System = Pflanzenfamilie (Sippschaft);
Organ = Pflanzengattung (genus);
Gewebe = Pflanzenart (species.)

§. 63.

Denn auch das Pflanzenreich manifestirt sich gerade so wie die Pflanze (§. 61.) als ein vom Niedern zum Höhern hinauf strebender Organismus, dessen integrirenden Theile Potenzen von einander sind. Setzen wir nemlich die Pflanzenart als dasjenige, womit das Pflanzenreich beginnt, so lassen sich alle andere Bestandformen desselben als Pflanzenarten höherer Ordnungen betrachten und als „Art" mit dem entsprechendenden Exponenten folgendermaßen bezeichnen:

1. Art ≐ (Art im engern Sinn,) Species;
2. Art^2 = Gattung (genus);
3. Art^3 = Familie;

4. Art⁴ = Gruppe;

5. Art⁵ = Pflanzenreich.

In diesen Ausdrücken liegen zugleich die wissenschaftlichen Definitionen für diese Abtheilungen, die noch nicht genügend sind gegeben worden.

§. 64.

Hiemit ist nun, wie jeder leicht ermißt, für die Entwicklung der Metamorphose des Pflanzenreichs und für die wissenschaftliche Aufstellung seiner integrirenden Theile Alles: es ist damit die Grundlage zu einem Pflanzensystem im strengsten Sinne des Wortes gewonnen; denn man braucht nur den elliptischen Metamorphosengang, wie ihn die kleine Pflanze beschrieb, auf entsprechende Weise mit beharrlicher Consequenz aufs Pflanzenreich, die große Pflanze zu übertragen und die Sache ist gemacht. —

§. 65.

Aber dies ist eine Riesenarbeit, die eine Umsicht und einen Ueberblick des Pflanzenreichs erfordert, wie sie nur von seltenen Talenten erworben werden! Um aber diese äußerst wichtige Sache mehr zur Sprache zu bringen, und vielleicht Männer vom Fach anzuregen, derselben ihre Aufmerksamkeit zu schenken, so wollen wir es versuchen, hier in leichten Strichen, den Grundzügen nach, den Metamorphosengang und das damit gegebene System des Pflanzenreichs zu zeichnen und die Prinzipien kurz zu entwickeln, die bey der systematischen Stellung seiner Theile zu befolgen sind.

§. 66.

Wie die Pflanze, so beginnt auch das Pflanzenreich mit dem Niedern. Die dem Laubpflänzchen entsprechende Pflanzengruppe (etwa die Hälfte der sogenannten Crypkogamen) ist das Fundament des ganzen Pflanzenreichs, aus welchem die andern Gruppen sich hervor- und zurückbilden, je nachdem das Pflanzenreich auf fortschreitendem oder rückschreitendem Wege begriffen ist. Wir nennen diese Gruppe die Laubpflanzengruppe. Ihr Charakteristisches besteht darin, daß sie nach einem größern Maßstabe im treuesten Abbild das wiederholt, was das Laubpflänzchen der kleinen Pflanze im engern Kreise gleichsam vorzeichnete. Sie hat daher, wenn letztere drey Systeme realisirte (§. 7.) sich gleichfalls in drey analoge Familien geschieden; nemlich:

1. in die Wurzelpflanzenfamilie:
   Diese Familie entspricht dem Wurzelsystem des Laubpflänzchens. Sie ist der Anfang des Pflanzenreichs und darum die niederste von allen. In ihr erscheinen die Gattungen, wie die Arten auf der Potenz der Wurzel. Das Blatt fehlt ganz, der Stengel ist bloß (in den höhern Gattungen ꝛc.) angedeutet. Sie umfaßt Wurzelpflanzen.
2. In die Stengelpflanzenfamilie:
   Hier kommt zur Wurzel noch ein ausgebildeter Stengel hinzu. Das Blatt erlangt noch nicht seine Vollendung, sondern seine Bildung wird in einzelnen Formen nur vorbereitet. — Stengelpflanzen.
3. In die Laubpflanzenfamilie:
   Diese Familie zeichnet sich durch vollständige Ausbildung aller drey Systeme aus. Alle zu dieser Familie gehörenden Pflanzen haben vollkommne Wurzel, Stengel und Blätter. Zugleich wird das Streben nach dem Höhern in der wiewohl noch

unvollkommen erscheinenden Blüte sichtbar.

Laubpflanzen.

§. 67.

Das Laubpflänzchen geht durch die Blütenknospe hindurch zur Blüte über (§. 12.). Die Blütenknospe ist eine Uebergangsmetamorphose, die auch im Pflanzenreich, wenn die Laubpflanzengruppe zur Blütenpflanzengruppe sich potenziiren will, real geworden seyn muß. Wir nennen diese Realisirung, die ein Abbild der Blütenknospe im größern Style darstellt, und als vermittelndes Glied zwischen Laub- und Blütenpflanzengruppe auftritt: Laub-Blütenpflanzengruppe. Auch diese Gruppe zerfällt = der vorigen in drey Familien, die sich durch relative Indifferenz und durch nicht vorherrschend ausgebildet Seyn bestimmter Charaktere auszeichnen. Laub- und Blütenpflanzengruppe kämpfen hier gleichsam um den Rang und zeugen dadurch

1. die Blütenpflanzenfamilie auf Laubpflanzenpotenz:

   Hier will schon die Blüte frey hervortreten, aber die Laubpflanze überwiegt noch und unterjocht sie.

2. Die Laubpflanzenfamilie auf Blütenpotenz:

   In dieser Familie gewinnt die wenn gleich noch unvollkommene Blüte die Oberhand, und die Laubpflanze erscheint mehr untergeordnet.

3. Die Uebergangsfamilie

   hält das Mittel zwischen beyden.

§. 68.

Durch diesen, drey Pflanzenfamilien als Resultat gebenden, Kampf hindurch gelangt nun endlich die dem

Blütenpflänzchen der kleinen Pflanze congruirende Blütenpflanzengruppe zur Evolution. Sie entspricht vollkommen der Blüte, und hat, gleichwie diese das Laubpflänzchen zur Basis voraussetzt, die Laubpflanzengruppe zur Grundlage, die hier unter der Herrschaft der Blüte wiederkehrt. Diese Gruppe kann ihrem Vorbilde, der Blüte, gemäß sich nur so wie sie eintheilen und wird daher aus so vielen Familien bestehen als jene Systeme (§. 14.) aufzuweisen hatte, nemlich:

1. Blütenwurzelpflanzenfamilie:

Vollendete Laubpflanze mit vollendeter Blüte ist die Auszeichnung der Individuen dieser Familie. Aber ihre Blüte steht unter den Blüten höherer Ordnung noch auf niederer Stufe, indem ein Ungleichgewicht der Systeme, nemlich ein Vorherrschen des Niedern, der Blütenwurzel (Kelch und Corolle, Recept) auf Kosten des weiblichen und männlichen Systems, sich in dieser Familie verwirklicht hat.

2. Blütenstengelpflanzenfamilie:

Diese Familie ist charakterisirt durch das Herrschen des Weiblichen oder des Blüten- (Stengel-) systems auf Kosten des Männlichen. Das Pistill hat sich die Stamina untergeordnet und disponirt gleichsam über sie. Uebrigens ist die Blüte schon sehr ausgebildet und ihrer Vollendung nahe, auch ist Harmonie zwischen der Blütenwurzel und dem Blütenstengel. Früchte und Samen sind in dieser wie in allen vorhergehenden Familien höchst untergeordnet und kommen nicht zur höchsten Ausbildung, welche Vergünstigung ihnen erst in den Frucht- und Samenpflanzengruppen zu Theil wird.

3. Blütenlaubpflanzenfamilie:

Ist die höchste Pflanzenfamilie, wozu es das Pflanzenreich auf der Evolutionsperiode bringt. Wie die Blüte mit der vollkommenen Ausbildung ihres Laubbedeutenden (des männlichen Systems) ihre Akme erreicht, so hier die Blütenpflanzengruppe mit der durchs freye Hervortreten des männlichen Systems sich gestaltenden Blütenlaubpflanzenfamilie. Die Blüten dieser Familien gewähren den reinsten Ausdruck der Vollkommenheit, indem Wurzel- und Stengelsystem der Blüte sich dem männlichen unterordnen und ihm dienend sind. In der vorigen Familie regierte das Weib, hier aber der Mann und die Akme ist erreicht, etwas Höheres giebt es hier nicht.

§. 69.

Mit der Vollendung der Blütenlaubpflanzenfamilie ist das Pflanzenreich auf seinen höchsten Punkten angelangt, von welchen aus es nun zurück und abwärts schreitet, eben so wie die Pflanze nach Vollendung der Blüte. Dies geschieht durch die Realisirung einer neuen Pflanzengruppe, die die Frucht im Großen und in einem sehr vorwaltenden Verhältniß darstellt. Ehe jedoch eine solche zur Entwicklung kommt, muß ein der Fruchtknospe (Fruchtknoten) entsprechender Uebergang durchschritten werden. Die Frucht, die in den Familiengruppen der Evolutionsperiode nur unvollkommen und meistens nur angedeutet war, will hier die Oberhand gewinnen, aber die Blüte tritt noch reagirend auf und zeugt, weil jeder Kampf drey Ausgänge haben kann, drey Familien:

1. Die Fruchtpflanzenfamilie auf Blütenpotenz:

Hier wird die Frucht schon selbstständig, aber die Blüte hat die Herrschaft noch nicht ganz aufgegeben.

2. Die Blütenpflanzenfamilie auf Fruchtpotenz:

Die Frucht hat gesiegt, die Blüte unterjocht.

3. Uebergangsfamilien. Indifferenz beyder.

§. 70.

Nach diesen Ergebnissen tritt nun endlich die Fruchtpflanzengruppe hervor. Diese Gruppe, womit die andere Lebenshälfte des Pflanzenreichs die Revolutionsperiode beginnt, ist charakterisirt durch die Frucht, welcher, als dem Vorwaltenden alles andere dienend und unterthan erscheint. Daher werden auch die Laub- und die Blütenpflanze immer mehr zurückgedrängt und verschwinden am Ende ganz. Der Same kommt vorzüglich in den spätern Familien dieser Gruppe sehr ausgebildet vor. Wenn die Frucht das Charakterisirende dieser Gruppe ist, so kann ihre Abtheilung in Familien auch nur von der Frucht hergenommen werden; es giebt daher

1. Eine Fruchtlaubpflanzenfamilie:

Diese Familie hat noch am meisten von den Laub- und Blütenpflanzenfamilien beybehalten, aber beyde sind den ungeheuren Fruchtproduktionen, in welche — Masse auf Masse zu häufen — sich hier das Pflanzenleben erschöpft, untergeordnet und ihnen dienend. Was die Frucht der Individuen dieser Gruppe selbst betrifft, so ist die äußere

Laubbedeutende Schale, Fleisch ꝛc. (Carpophyllon) besonders ausgebildet.

2. Eine Fruchtstengelpflanzenfamilie: Bey den einzelnen Pflanzen dieser Familie treten Blüten- und Laubpflanze noch mehr zurück. Ueberhaupt wird es hier schon deutlich wie die hieher gehörigen Pflanzen ganz das Umgekehrte, die Revolution der Laubpflanzenstengelfamilie (§. 66. 2.) darstellen. Das Blatt bekommt Stengelform, die Blüte verschwindet fast ganz, aber die Frucht tritt mächtig auf und zwar auf Stengelpotenz wie das Prädominiren des Harten und Holzigen derselben beweist.

3. Fruchtwurzelpflanzenfamilie: Das unmittelbar auf die Produktion des Samens sich beziehende (die Samenhülle: Perisperma) ist hier das herrschende System der Frucht. Laub- und Blütenpflanze sind in dieser Familie erloschen und man sieht aus ihrem ganzen Habitus, daß sie am Rande einer neuen Metamorphose sich befinde, die dem Pflanzenreich noch bevorsteht.

§. 71.

Endlich kommt es zum Beschluß. Es entsteht die Samenpflanzengruppe, die mit der Laubpflanzengruppe (§. 66.) zusammenfließend die Ellipse vollendet, die das ganze Pflanzenreich beschreibt. Bevor aber die Samenpflanzengruppe frey hervortritt, sind wie bey frühern Evolutionen und Revolutionen (§. 67. 69.) noch Kämpfe zu bestehen, die sich als vermittelnde Glieder zwischen beyde stellen und der Samenknospe (dem Embryo) entsprechen. Diese Uebergangsgruppe hat drey Familien:

1. Samenpflanzenfamilie auf Fruchtpotenz;
2. Fruchtpflanzenfamilie auf Samenpotenz;
3. den Uebergang vermittelnde Familie.

§. 72.

Nach diesem Kampfresultat kann nun die Samenpflanzengruppe in reinster Form hervortreten. Alles ist abgestreift. In dieser Gruppe findet sich nichts mehr von der Laub- und Blütenpflanze und endlich entäußert sie sich auch der Frucht, dem Samen die Alleinherrschaft vindizirend. Diese ganze Pflanzengruppe bildet daher auf kolossale Weise alles das nach, was beym Samen im Kleinen sich vorfindet, sie hat daher gleich seinen Systemen dieselben drey Familien.

1. Samenlaubpflanzenfamilie:

Diese Familie entspricht dem Samenlaub: Cotyledon (Spermatophyllon), und ihre Individuen stellen sich wie große Cotyledonen dar. Ihr Lebenscyklus ist ein sehr beschränkter, der dem Einfluß der Planeten und seiner Finsternißaktion anheim gegeben, aber der Sonne fast gänzlich entrückt ist.

2. Samenstengelpflanzenfamilie:

Hier tritt das zweyte System des Samens, der Stengel (Spermatostelechos §. 33.), als das die Familie charakterisirende auf. Das Laubige ist schon zum Theil abgestreift und wird in den letztern Pflanzen noch mehr zurückgedrängt. Sie sind noch mehr als die vorigen der Finsterniß und dem Kalten und Nassen anheim gegeben.

3. Samenwurzelpflanzenfamilie.

Diese Familie beschließt die Revolutionsperiode. Sie charakterisirt sich durch die vorwaltende Ausbildung des Samen-Wurzelsystems (Spermatorhiza §. 33.) auf Kosten der beyden andern, die untergeordneter erscheinen. Die einzelnen Pflanzen dieser Familie stellen, wenn die der erstern gleichsam nnr Cotyledonen waren, sich als eine bloße Wurzel dar; aber als Wurzel im umgekehrten, der Revolutionsperiode entsprechenden Sinn. Es sind Wurzeln, die in die Höhe, in die Luft hineinwachsen, also ganz entgegengesetzt den Wurzelbedeutenden Pflanzen der Laubpflanzenwurzelfamilie (§. 66. 1.), die hinunterwärts in die Erde sich zerästeln.

§. 73.

Mit dieser Pflanzengruppe hat nun das Pflanzenreich seine Ellipse beschrieben, wie die kleine Pflanze mit dem Samen (§. 46.). Es ist wieder da angelangt, von wo aus es begann — bey der Wurzelpflanzenfamilie. Beyde Familien: die Samen- und Laubpflanzenwurzelfamilien berühren sich und verschmelzen durch einige Uebergangsmetamorphosen, die der Laubpflanzenknospe (dem keimenden Samen) entsprechen, in einander, und machen so ein neues Evolviren und Revolviren, ein Erblühen und Entblühen des Pflanzenreichs möglich.

§. 74.

Wir gestehen, daß uns die Resultate der Anwendung der Pflanzenmetamorphose auf die Classifikation des Pflanzenreichs selbst überraschend gewesen sind, indem sich bey einer nur vorläufig unternommenen Einschiebung der bekannten natürlichen Familien in die angeführten Fächer der Gruppen und Familien, Erscheinungen ergaben, die uns das scheinbar in seinen Theilen so heterogene Pflanzenreich als ein harmonisches Ganze, wie es die kleine Pflanze so anschaulich verwirklicht, erblicken ließ (besonders bekommen die Zapfenbäume und die Pilze diese bisher so räthselvollen Formen mit ihrer rechten Stellung auch die Deutung ihres Lebenslaufs.) Wir enthalten uns hier jedoch noch aller Specialia, um nicht durch unreife Arbeiten den Ideengang Anderer, die diese Sache beachten wollen, zu stören.

§. 75.

Sieht man das bisher in der Pflanzenreichssystematik Geleistete unpartheyisch an, so ist es eben nicht geeignet, den Forscher mit Freuden zu erfüllen. Denn nur Zwey giebt es unter den Vielen, die ein rein wissenschaftliches System des Pflanzenreichs zu gründen bemüht waren. Es sind Kieser und Oken, die Männer, die in Allem, was das tiefere Forschen in der Natur anbetrifft, in den herrlichsten Beyspielen vorangegangen. Alle bisherigen sogenannten natürlichen und künstlichen Systeme sind prinziplos, denn es herrscht eine Willkühr darin, die die Familien nicht nach nothwendigen Prinzipien, sondern nach willkührlich gewählten Merkmalen aneinander reiht. Daher der Mangel an innerm organischen Zusammenhang, der in den sogenannten Systemen von Batsch, Jussien, Sprengel ꝛc. sich so deutlich kund giebt. Wir achten uns ehren diese Arbeiten wie irgend einer, aber sie sind nicht, was sie sollen: Systeme, sondern Zusammenstellungen, die man für das wahre System, das die Pflanze zur Grundlage hat, als treffliche Vorarbeiten benutzen kann.

§. 76.

Kieser gebührt der Ruhm, den Grundstein zum wissenschaftlichen Pflanzensystem gelegt zu haben. Oken folgte derselben Idee und begann wirklich den Bau des Systems. Er betrachtete das Pflanzenreich als die anatomirte Pflanze, und gründete sein System auf das gegenseitige Verhältniß und die Bedeutung der Organe der Pflanze. Das Grundprinzip, wonach Oken verfuhr, war also auch das von uns (§. 62 f.) als richtig erkannte und in sofern stimmen wir mit Oken völlig überein, aber gleich beym Bau des Systems zeigen sich Abweichungen zwischen dem Okenschen und dem Unserigen, die ganz natürlich ihren Grund darin haben, daß Oken den Verlauf der Pflanzenmetamorphose nicht in seiner ganzen elliptischen Gliederung erkannte (§. 57. und 58.), daher derselbe auch das Pflanzenreich = der Pflanze eine gerade Linie beschreibend, darstellte. Auch ist Oken bey der fernern Ausführung nicht seinem leitenden Prinzip getreu geblieben. Denn wenn man die Pflanze in ihrer organischen Zerfallung als Eintheilungsgrund hinstellt, so ist die Eintheilung des Pflanzenreichs in zwey Länder: „Geschlechtslose und Geschlechtspflanzen" *) darum unrichtig, weil die vollendete Pflanze (deren Metamorphose wir oben gezeichnet haben) nicht in diese

*) Oken Lehrbuch der Naturphilosophie. Jena 1810. II. p. 126.

beyden Theile: den geschlechtslosen und geschlechtigen, sondern in vier Theile: Kraut, Blüte, Frucht und Samen zerfällt, also statt der Okenschen zwey Hauptabtheilungen („Länder"), deren viere herauskommen, die wir „Gruppen" genannt haben. Ueberdies ist dasjenige, was Oken als untere Abthellung („Kreise") hinstellt, sehr ungleichen Werthes: „Die drey ersten Kreise (umfassend die Wurzel-, Stengel-, Laubpflanzen) stellen nur ein einfaches Organ vor, dagegen der vierte Kreis (die Blumenpflanzen) die Wiederholung aller Organe in der Blüte" *). Diese Einsicht, die Oken von dem Inhalt seiner Kreise selbst hat, hätte denselben schon darauf führen müssen, die drey ersten Kreise als einen Kreis zusammen zu fassen, um so dem Kreis der Blumenpflanzen ein Gleichwerthiges gegenüber zu stellen.

§. 77.

Kieser ist mit der Aufführung seines Pflanzensystems nicht ins Specielle gegangen, sonst würde derselbe gewiß gefunden haben, daß die Eintheilung des Pflanzenreichs in drey große Klassen: Wurzelpflanzen, Stengelpflanzen, Blattpflanzen **) eine viel zu beschränkte sey, der die Acotyledonen, Monocotyledonen und Dicotyledonen sich keinesweges so unterordnen als es beym ersten Anblick scheint. Das Kiesersche Prinzip: „die ganze Vegetation sey als eine große Pflanze anzusehen, welche wie die einzelne Pflanze nach polaren Ge-

*) Oken Lehrbuch der Naturphilosophie. II. p. 128.

**) Kieser Aphorismen aus der Physiologie der Pflanzen. Göttingen 1808.

setzen zerfalle *), ist auch das Unserige (§. 58 f.), aber die Anwendung desselben und die Ausführung des Systems nach demselben ist nicht der unsern identisch. Es giebt in der Pflanze ja höhere Bestandformen, als Wurzel, Stengel, Blatt; es sind das Kraut, die Blüte, die Frucht und der Samen. Nach diesen muß das Pflanzenreich zunächst zerfallen, weil die Pflanze in concreto in diesen vier Formen die Hauptmomente ihrer Metamorphose feyert, womit Kieser gewiß übereinstimmt, wenn Er der Pflanze und ihren Metamorphosen, die denselben von Ihm schon so oft mit großem Erfolg zu Theil gewordene Aufmerksamkeit von Neuem schenkt.

Schlußbemerkung.

Wir wollen nicht verhehlen, daß manches in der vorstehenden Abhandlung Gesagte mit bekannten botanischen, anatomischen und physiologischen Thatsachen im Widerspruch zu stehen scheint — konnten uns hier aber unmöglich darauf einlassen, dieses alles zu erörtern, um die Zweifel zu beseitigen. Hoffentlich wird jetzt die Metamorphose der Pflanzen bey den Botanikern mehr zur Sprache kommen, wo wir dann hinlänglich Gelegenheit finden werden, einzelne Ansichten und Behauptungen näher zu erläutern und Zurechtweisungen, wo wir fehlten, mit Dank anzuerkennen.

Nachtrag zu §. 14. und 15.

Erst nachdem diese Abhandlung schon vollendet war und es an die specielle Nachweisung der das Blüten-

*) Kiesers Grundzüge der Anatomie der Pflanzen. Jena 1815. p. 227. §. 475.

wurzelsystem constituirenden Organe Behufs der Stoffbezeichnungen (Cap III. §. 66.) ging, wurde uns das wahre Verhältniß dieses Systems, das wir bisher nur zum Theil erkannt hatten, klar und gelangten zu der Ueberzeugung, daß Kelch und Corolle wesentliche Theile der Blütenwurzel seyen, und daß beyde dasselbe hier repräsentiren, was Staubfaden und Griffel, Anthere und Narbe auf höherer Potenz, so daß also nicht das Rezeptakulum allein, sondern dieses sammt dem Kelche und der Corolle erst das Blütenwurzelsystem darstellt, und allen dreyen der Rang, Organe dieses Systems zu seyn, zukommt. (vergl. Cap. III. §. 66.). Wir ersuchen daher unsere Leser, dies zu bemerken, und überall wo Rezeptakulum vorkommt, des Kelchs und der Corolle mit zu gedenken. Hiedurch beseitigt sich eine Nichtübereinstimmung des Metamorphosenganges beyder Lebenshälften der Pflanze, die uns schon früher aufstieß, aber noch nicht zu lösen war. §. 15. wurden nemlich Kelch und Corolle als Uebergangsstufen und Zwischensysteme vom Laub- zum Blütenpflänzchen bezeichnet; eine Metamorphose, deren Ebenbild wir auf der antipositiven Hälfte bey der Frucht- und Samenausbildung vergebens suchten. Ein wichtiger Grund, die Wahrheit der gegebenen Deutung zu bezweifeln, was sich jetzt, da das Rezeptakulum, der Kelch und die Corolle erweislich zusammen nicht mehr Werth haben als ein System des Krauts, der Frucht und des Samens auch deutlich beurkundet, wenn man diese drey Theile des Blütenwurzelsystems nur mit denen des Krautes, des Blütenstengelsystems und des Blütenlaubsystems vergleicht (Cap. III. §. 64.)

Drittes Capitel.

Die Pflanzenstoffwelt

a. nach ihrer natürlichen Abstammung (Dignität);
b. nach ihrer künstlichen Auseinanderlegung (Analyse)
systematisch dargestellt.

A. Stoffsystematik, nach der natürlichen Abstammung der Stoffe.

§. 1.

Die Pflanzenmetamorphose, wie sie vorzugsweise in formeller Beziehung ist dargestellt worden (Cap. II.), enthält das Prinzip für die Stoffmetamorphose, indem Form und Stoff dem Wesen nach eins, und nur in der Erscheinungsweise verschieden sind (Cap. II. §. 5.).

§. 2.

Der Stoff ist die sinnliche Manifestation der Form nach der realen Seite hin; er ist ihr beharrliches Substrat. Eine Formerscheinung ohne eine entsprechende Stofferscheinung, ist eine Unmöglichkeit. Andere Formen setzen nothwendig andere Stoffe, und umgekehrt begründen andere Stoffe wiederum andere Formen, eben weil beyder Entstehung ein durcheinander Bedingtes ist (Cap. II. §. 4. u. 5.). — Wie demnach z. B. Blüte und Wurzel formell nicht identisch sind, so können sie es auch nicht stoffig seyn.

§. 3.

Der Grund der verschiedenen Formen liegt also (wenn wir hier vom Leben absehen (Cap. II. §. 4. u. 5.) im Stoffigen; und umgekehrt liegt das stoff-

zeu-

zeugende Prinzip (wenn wir hier gleichfalls den Thätigkeitseinfluß außer Acht lassen) in der Form: der Stoff kann nur auf Form-Potenz erscheinen, und umgekehrt wird die Form realitätslos, wenn ihr die stoffige Basis entzogen wird.

§. 4.

Mit diesem Wenigen ist nun die ganze Pflanzenstoffwelt, das Objekt der Stöchiologie (I. §. 16. u. f.) gegeben. — Der Unermeßlichkeit der Pflanzenformen geht eine eben solche Unermeßlichkeit der Pflanzenstoffe parallel. Einfachheit der einen, neben Vielfachheit der andern ist eben so unmöglich als ein realer Würfel ohne kubischen, oder ein reales Tetraeder ohne tetraedrischen Inhalt.

§. 5.

Eine systematische Eintheilung der Pflanzenstoffe kann sonach nur eine genetische seyn, die stets des Stoffes Gleichbild: die Form vor Augen hat und in Bezug auf diese sich entwickelt. Für eine Formsystematik gilt dasselbe. Stände die Pflanzenstoffwelt schon als ein in sich vollendetes Ganze da (als welches uns die Pflanze in ihrer Formmetamorphose wirklich erschienen ist (Cap. II.), so würde sich die Form nach derselben entwickeln lassen, und eine Formeintheilung daraus hervorgehen, die der Stoffeintheilung congruent wäre. Und so ist es auch nothwendig mit dem pflänzlichen Leben.

§. 6.

Ist nun die Pflanzenformmetamorphose leitendes Prinzip bey der genetischen Entwicklung der Pflanzenstoffsystematik, und besteht die vollendete Pflanze aus vier Haupt- und vier Uebergangsformen (Pflänzchen), so haben wir uns zuerst nach den diesen Form-individualisirungen entsprechenden Stoffen umzusehen. Es muß also geben:

A. Nach den Hauptformen:

I. Stoffe der Laubpflänzchen;

II. Stoffe der Blütenpflänzchen;

III. Stoffe der Fruchtpflänzchen;

IV. Stoffe der Samenpflänzchen.

B. Nach den Uebergangsformen:

I. Stoffe der Laubpflänzchenknospe (der keimende Same);

II. Stoffe der Blütenknospe;

III. Stoffe der Fruchtknospe (Fruchtknoten);

IV. Stoffe der Samenknospe (Embryo).

§. 7.

Die Stoffe jeglicher Abtheilung befinden sich unter einander im innigsten Zusammenhange und haben vermöge ihrer Abstammung etwas gemeinschaftlich-Verwandtschaftliches. Die Laubpflanzenstoffe charakterisirt ein laubpflanzenartiges, die Blütenstoffe ein blütenartiges Gepräge und so fort. Wem das nothwendig In- und Durcheinanderseyn alles Existirenden klar geworden, den kann dies nicht befremden. Die Ausbildung dieses oder jenes Blüten-, Fruchtstoffs 2c. zieht die Entstehung der übrigen als nothwendig nach sich. Ein farbiges Pünktchen am Blumenblatt, ein besonderes Abzeichen an der Frucht, hat seinen Entstehungsgrund im innersten Stoffverhältniß der Blüte und der Frucht selbst, mechanische Absetzungen und Zufälligkeiten giebt es nirgend!

§. 8.

Wie die „kleine Pflanze" in ihrer achtfachen

Gliederung sich im Pflanzenreich, „der großen Pflanze", auf eine colossale Weise wieder verwirklichte (Cap. II. §. 62.), so werden auch ihre Stoffe in diesem großen Organismus wiederkehren müssen, dergestalt, daß dem Formverhältniß im Großen auch ein Stoffverhältniß entspricht. Es sind demnach aufzusuchen

A. Nach den Hauptgruppen des Pflanzenreichs (Cap. II. §. 66. 68. 70. und 72.):

I. Stoffe der Laubpflanzengruppe;

II. Stoffe der Blütenpflanzengruppe;

III. Stoffe der Fruchtpflanzengruppe;

IV. Stoffe der Samenpflanzengruppe.

B. Nach den Uebergangsgruppen des Pflanzenreichs (Cap. II. §. 67. 69. 71. 73.):

I. Stoffe der Samen-Laubpflanzengruppe;

II. Stoffe der Laub-Blütenpflanzengruppe;

III. Stoffe der Blüten-Fruchtpflanzengruppe;

IV. Stoffe der Frucht-Samenpflanzengruppe.

§. 8.

Die Stoffe jeder dieser Gruppen verhalten sich zu einander wie die Stoffe der Bestandformen der kleinen Pflanze zu einander, nur im größern Style Es kommt auch ihnen etwas gemeinschaftlich-Charakteristisches zu, das ihr Verhältniß gegen einander begründet und ihnen vermöge ihrer gemeinsamen organischen Abstammung verliehen ist. Durch dieses Gemeinsame sind sie ausgezeichnet und verbunden und bilden gleich den Pflanzen, denen sie angehören, „Gruppen", die eine große Anzahl Stoffe umfassen.

§. 9.

Hiemit ist nun schon die Haupteintheilung der Pflanzenstoffwelt gewonnen. Wie die kleine Pflanze in acht Pflänzchen und die große Pflanze (Pflanzenreich) in acht, jenen congruirende Pflanzengruppen zerfiel, so thun es auch beyde dem Stoff nach. Es giebt daher acht große Stoffabtheilungen, die wir im kleinen und großen Pflanzenorganismus (§. 6. u. 8.) als nothwendig daseyn müssend zu zeigen versuchten, und gemäß ihrer Genesis als „Stoffgruppen" aufführen. Es giebt solcher Stoffgruppen, wie aus dem vorhergehenden erhellt, eigentlich sechszehn: acht in der kleinen, acht in der großen Pflanze, da aber beyde nach einer höhern Ansicht schon der Form nach in eins verschmelzen, so geschieht dies in einem System der Stoffwelt auch mit ihrer realen, stoffigen Manifestation.

§. 10.

Aber das Pflänzchen der kleinen Pflanze zerfällt zunächst in Systeme (Cap. II. §. 8. §. 14. ꝛc.); die Gruppe der großen in Familien (Cap. II. §. 66. f.); daher müssen diesen gemäß auch die Stoffgruppen zerfallen. Dies giebt Unterabtheilungen, die wir, weil sie den Familien des Pflanzenreichs zur Basis dienen, als Stofffamilien aufführen. Sie sind für die kleine Pflanze folgende:

I. Die Stoffgruppe der Laubpflänzchen (§. 6. I.) zerfällt in drey Stofffamilien:
   1. Stofffamilie des Wurzelsystems;
   2. Stofffamilie des Stengelsystems;
   3. Stofffamilie des Blattsystems.

II. Die Stoffgruppe der Blütenpflänzchen (§. 6. II.) besteht auch aus drey Familien:
   1. Stofffamilie des Blütenwurzelsystems;
   2. Stofffamilie des Blütenstengelsystems;
   3. Stofffamilie des Blütenlaubsystems.

III. Die Stoffgruppe der Fruchtpflänzchen (§. 6. III.) zerfällt gleichfalls in

1. Stofffamilie des Fruchtlaubsystems;
2. Stofffamilie des Fruchtstengelsystems;
3. Stofffamilie des Fruchtwurzelsystems.

IV. Die Stoffgruppe der Samenpflänzchen (§. 6. III.) ist auch nothwendig aus drey Familien zusammengesetzt:

1. Stofffamilie des Samenlaubsystems;
2. Stofffamilie des Samenstengelsystems;
3. Stofffamilie des Samenwurzelsystems.

Anm. Ganz so wie diese Hauptgruppen zerfallen die Uebergangsgruppen der Laubpflanzen-, Blüten-, Frucht- und Samenknospe. Jeder kann sich diese selbst leicht versinnlichen, daher lassen wir sie hier, wo nur ein kurzer Umriß gegeben werden soll, weg.

§. 11.

Dieselben Stofffamilien kehren nun auch in der großen Pflanze wieder auf eine entsprechende Weise. Was in der kleinen Pflanze System war, das ist in der großen Pflanze Familie (Cap. II. §. 62.). Beyder Form liegt eine Idee zum Grunde, und so auch dem materiellen Substrate beyder. Die oben (§. 10.) namhaft gemachten Stofffamilien sind daher auch in den Pflanzengruppen des Pflanzenreichs aufzusuchen, wobey sich ergeben wird, daß die Laubpflanzenstoffgruppe (§. 8. I.) in drey Abtheilungen: „Stofffamilien" (§. 10.) zerfalle, nemlich

1. Stofffamilie der Wurzelpflanzen-Familie;
2. Stofffamilie der Stengelpflanzen-Familie;
3. Stofffamilie der Laubpflanzen-Familie.

Auch die Blüten-, Frucht- und Samenpflanzenstoffgruppen (§. 8. II. III. IV.) theilen sich, der Anzahl der Pflanzengruppen-Abtheilungen gemäß jede in drey Familien (die, weil sie sich Jeder selbst vor den Sinn stellen kann, hier, um unnütze Weitschweifigkeit zu vermeiden, nicht einzeln aufgeführt werden).

§. 12.

Das System der kleinen Pflanze besteht aus Organen (Cap. II. §. 56.) und die Familie der großen gleichfalls; welche colossale Organe hier Gattungen heißen. Organ und Gattung sind zwey ganz gleichbedeutende Ausdrücke, ersterer für die kleine, letzterer für die große Pflanzenwelt. Daß es auch Organen- und Gattungsstoffe gäbe, oder daß die eben aufgeführten Stofffamilien (§. 10. und 11.) wieder Zusammensetzungen niederer Ordnungen sind, leuchtet wegen der nothwendigen Congruenz zwischen Form und Stoff (§. 2. u. f.) von selbst ein. Die Stofffamilien theilen sich also wieder ab. Wir nennen diese Stoffabtheilungen ihrer Herkunft eingedenk: Stoffgattungen.

§. 13.

Die Stoffgattungen bilden das materielle Fundament der Bestandformen der wahren Pflanzensysteme (Cap. II. §. 8. Anm.), nemlich der Organe (Cap. II. §. 60.). Ein jedes Pflanzensystem hat seine eigenthümlichen, der Form nach sehr unterschiedenen Organe und so auch in stoffiger Rücksicht. So sind im Stengel, dem System des Laubpflänzchens (Cap. II. §. 8.) Rinde, Bast und Holz; im männlichen Geschlechtstheil, dem die Bedeutung eines Blütensystems (Cap. II. §. 14. 3.) zukommt, Anthere, Filamentum und — — die Organe; für alle übrigen Systeme der Laub-, Blüten=, Frucht= und Samenpflänzchen gilt dasselbe: auch sie zerfallen in Organe, die der Aufenthaltsort bestimmter Stoffe sind. Diesen Organen entspricht nun, wie gesagt, in der großen Pflanze die Gattung (genus), deren stoffige Grundlage = denen der Organenstoffe ein Eigenthümliches, die Gattung und das Organ Auszeichnendes zukommt.

§. 14.

In wie viele Organe und Gattungen die Pflanzensysteme und Pflanzenreichsfamilien der Form nach zerfallen, in so viele theilen sie sich auch dem Stoff nach. Es zerfällt daher

1. die Stofffamilie des Wurzelsystems:
   a. in die Stoffgattung der Wurzelrinde;
   b. in die Stoffgattung des Wurzelbastes;
   c. in die Stoffgattung des Wurzelholzes.
2. Die Stofffamilie des Stengelsystems:
   a. in die Stoffgattung der Stengelrinde;
   b. in die Stoffgattung des Stengelbastes;
   c. in die Stoffgattung des Stengelholzes.
3. Die Stofffamilie des Laubsystems:
   a. in die Stoffgattung der obern Blattfläche;
   b. in die Stoffgattung der untern Blattfläche;
   c. in die Stoffgattung des Blattstiels.

Mit den Blüten=, Frucht= und Samenpflanzensystemstoffen (Stofffamilien (§. 10. u. 11.) findet dasselbe statt. Wir erwähnen ihrer nicht im Speciellen, da sie sich mit der Betrachtung des organischen Baues der Systeme ganz ungezwungen ergeben.

§. 15.

Man sieht, hier geht die Verzweigung der Stoffmetamorphose schon ungemein weit. Mancher mag zurückschrecken vor der unendlichen Stoffmenge der Pflanzen, und uns der Classifikationssucht beschuldigen. Beym flüchtigen Anblick mag es allerdings so scheinen. Allein wer nur tiefer geht und dem todten Buchstaben Gehalt und Leben abzugewinnen vermag, wird uns beypflichten, daß beydes den nicht stören kann, der in der Natur eine Unendlichkeit erblickt und das Gebot der Wissenschaft heiligt: diese Unendlichkeit mit eiserner Consequenz zu verfolgen. Diese erkennt nun noch eine neue Stoffverzweigung, die in der kleinen Pflanze den Bestandformen der Organe, in der großen den Abtheilungen der Gattungen entspricht.

§. 16.

Die Organe der kleinen Pflanze und die Gattungen der großen bestehen nemlich wiederum aus Organen und Gattungen niederer Ordnung. Wir haben sie genannt: „Gewebe" (Cap. II. §. 60.) und Art (Cap. II. §. 62.). Beyde haben einerley Bedeutung und entsprechen sich wie das Pflänzchen der Gruppe (§. 8.), das System der Familie (§. 10.) und das Organ der Gattung (§. 12.). Diese durch die Form unterscheidbaren Theile der Organe und Gattungen müssen es auch stoffig seyn. Diese stoffigen Unterschiede der Pflanzengewebe und der Pflanzenreichsarten können wie sie selbst nur Abtheilungen des Vorhergehenden, nemlich der Stoffgattungen seyn, die wir daher als „Stoffarten" der Zerfallung der Pflanzengattungen in Pflanzenarten gemäß, bezeichnen.

§. 17.

Diese Stoffarten werden, wenn man nur stets das leitende Prinzip, die Form vor Augen hat, leicht erkannt. Sie ergeben sich bey der kleinen Pflanze mittelst der Anatomie der Organe, bey der großen durch Eintheilung der Gattungen in Arten; denn sie haben ihren Sitz in den sogenannten anatomischen Systemen der Pflanze und in den diesen entsprechenden Arten der großen Pflanze. Die als anatomische Systeme unterschiedenen Bestandformen der kleinen Pflanze sind nemlich weiter nichts als die Combination der Grund- oder Urorgane von den im engern Sinne „Organe" genannten Bestandformen der Pflanzensysteme (Cap. II. §. 8. Anm.) Ein jedes Organ hat solche Grundorgane, anatomische Systeme, die wir (Cap. II. §. 60.) unter dem kürzern Namen Gewebe aufgeführt.

§. 18.

Die diese Gewebe constituirenden Stoffe müssen nothwendig für ein jedes Pflanzenorgan eigenthümlich seyn, eben weil ihre Gesammtheiten, die Organe, es sind. Wer eine vollkommene Stoffidentität des Zellgewebes, der Spiralgefäße und der Zwischenzellengänge der ganzen Pflanze anzunehmen wagt, der geräth in Widersprüche, die der Botaniker und Phytotom auf die unendlichfache Verschiedenheit der äußern und innern Form hindeutend, ihm auf jeden Schritt, den er vorwärts schreitend zurücklegt, nachweist. Was unterscheidet die Wurzelorgane von den Lauborganen? Doch wohl nicht bloß das Quantum der Zellen, Spiralen und Gänge? — Nein! sie müssen es auch qualitativ seyn, und diese qualitative Verschiedenheit liegt eben im Stoff, der in der Form sich manifestirt.

§. 19.

Als Beyspiele von Stoffarten geben wir hier bloß einige von denen, den Laubpflänzchenorganen der kleinen Pflanze eigenthümlichen.

a. **Die Stoffgattung der Wurzelrinde** theilt sich:

aa. in die Stoffarten des Zellgewebes;

ab. in die Stoffarten der Spiralgefäße *);

ac. in die Stoffarten der Zwischenzellengänge.

b. **Die Stoffgattung des Wurzelbastes** besteht aus:

aa. Stoffarten des Zellgewebes;

ab. Stoffarten der Spiralgefäße **);

ac. Stoffarten der Zwischenzellengänge.

c. **Die Stoffgattung des Wurzelholzes** ist zusammengesetzt aus

aa. Stoffarten des Zellgewebes;

ab. Stoffarten der Spiralgefäße;

ac. Stoffarten der Zwischenzellengänge.

Dies geht nun durch Stengel und Laub und durch die Gewebe der Blüten-, Frucht- und Samenpflänzchen-Organe, kurz durch die ganze Pflanze, und wie sich von selbst versteht, im größern Maßstabe durchs ganze Pflanzenreich. Es würde ermüdend seyn, diese leeren Fächer hier aufzuführen, da es noch gänzlich an Fakten fehlt, sie auszufüllen. Möge daher das Gegebene hinreichen, den Blick des Forschers zu orientiren, und ihm die an das Unendliche gränzende Mannigfaltigkeit der Pflanzenstoffwelt vor den Sinn stellen. Wie viel Jahrhunderte noch darauf hingehen werden, ehe ein solches System der Pflanzenstoffwelt sich seiner Vollendung nähert, ist nicht zu bestimmen; denn das Werk ist ja noch nicht einmal begonnen; aber erkannt ist es in seiner ganzen Fülle und Ausdehnung, und des wol-

*) **) Oder ihr Gleichbedeutendes und das dieselben in der Rinde 2c. Vicariirende.

len wir uns freuen und gern alles daran setzen, um nur wenigstens den Grundstein zu legen, sollte dieses kühne Unternehmen auch unser ganzes Leben in Anspruch nehmen. —

§. 20.

Fassen wir nun diese Stoffeintheilungen nach den höhern genetischen Prinzipien zusammen, so erscheinen sie = den Bestandformen der kleinen und großen Pflanze (Cap. II. §. 61. 63.) als Positionen eines als Einheit angenommenen Stoffs mit folgenden durch die Exponenten zu bezeichnenden Werthen.

1. Stoff (Elementarstoff) = Stoffart.
Zell-, Spiral- und Gangstoffe. Stoffe der Species.

2. Stoff² = Stoffgattung.
Umfaßt die Stoffe der Organe der kleinen Pflanze (Rinden-, Bast- und Holzstoffe) und die die Gattungen charakterisirenden der großen. Schließt die Stoffarten mit in sich.

3. Stoff³ = Stofffamilie.
Enthält die Stoffe der Systeme der kleinen Pflanze: Wurzel-, Stengel-, Laub- ꝛc. stoffe und die der Familien des Pflanzenreichs. Diese Stoffabtheilung nimmt die Stoffarten und Stoffgattungen in sich auf.

4. Stoff⁴ = Stoffgruppe.
Wie das Pflänzchen der Pflanze die Gewebe, Organe und Systeme und wie ferner die Gruppen des Pflanzenreichs die Arten, Gattungen und Familien in sich schließt, so diese Stoffgruppen alle vorhergehenden Abtheilungen, hier nach höhern dem Pflänzchen und der Pflanzengruppe entsprechenden Merkmalen sich aneinander reihend. Die Idee der

Gruppe und die Idee des Pflänzchens sind hier leitendes Prinzip.

5. Stoffs = Stoffwelt.

Endlich ordnen sich diese Glieder unter noch höhere, allgemeinere Gesichtspunkte zu dem großen schönen Ganzen, wie es die Pflanze und das Pflanzenreich mit ihren Bestandformen formaliter verwirklichen. Das Classifikationsprinzip, welches hier, um das System der Pflanzenstoffwelt zu vollenden, als Wegweiser dient, ist aus der Idee der Pflanze und aus der Idee des Pflanzenreichs als Totalitäten zu abstrahiren und anzuwenden, so daß das wahre, wissenschaftliche Pflanzenstoffsystem das treueste Abbild der formalen Erscheinungsweise der Pflanze und des Pflanzenreichs auf stoffiger Potenz darstellt (vergl. §. 5.).

§. 21.

Wer dies alles mit chemischen Augen ansieht, wird wenig Freude daran haben, um so mehr, da es scheinbar mit dem durch chemisches Forschen Geleistetem im Widerspruch steht. Man bedenke aber nur, daß hier die reale Manifestation des Pflanzenreichs (die Gesammtheit der Pflanzenstoffe) nicht einseitig nach irgend einer chemischen oder physikalischen Qualität, sondern allseitig, systematisch aufzufassen die Aufgabe war, was nur auf organische, die Herkunft der Stoffe stets vor Augen habende, Weise geschehen konnte. Dem Phytologen im allgemeinsten Sinn erscheint der Pflanzenstoff als organisches Ganze; nicht minder so die Form und das Leben der Pflanze. Dagegen aber schaut der Phyto-Stöchiologe (das ist der Phytologe als bestimmter, den Stoff betrachtender, gesetzt, also der Phytochemiker) den Stoff auf seine stöchiologische Weise an, die dann mit der phytochemischen Ansicht zusammenfällt. Um nun auch hier dieser zu genügen, so unternehmen wir es, den Grundzügen nach, das Objekt der Phyto-Stöchiologie (Phytochemie), in seiner systematischen Verbindung anzudeuten.

§. 22.

Das Urgesetz alles Lebens und Seyns, das Gesetz der Polarität, das sich dem Phytologen bey seiner Stoffsystematik nur in einer allgemeinen Form darstellte, tritt dem Phyto-Stöchiologen (Phytochemiker) überall in concreter Form und in den bestimmten Gegensätzen da entgegen, wo er irgend nur stöchiologische Anfragen an bestimmte Bestandformen der Pflanze richtet. Diese bestimmten Gegensätze heißen ihm Base und Säure, deren Verbreitung so weit reicht als die Stoffwelt der Pflanze und des Pflanzenreichs, die nur im Durcheinander (polar) sich realisiren und fortbilden kann. Dieses Durcheinanderseyn der Pflanzenstoffe im Flug der polaren Wechselverhältnisse derselben festgehalten und als Selbstständiges hingestellt, erscheint dem Phytochemiker als ein Neues, Drittes, in welchem die Pole, Base und Säure ihre gegenseitigen Differenzen ausgeglichen — er nennt es „Salz". Salz ist der allgemeinste Ausdruck für alles chemisch Erforsch- und Anschaubare. Mit der Salzidee ist auch die Grundidee der ganzen Phytochemie gefunden, deren realer Inhalt im Grunde nichts weiter ist als eine unendliche Reihe von Salzen, die nach allen Seiten hin sich unendlichfach verzweigt, dergestalt, daß sie in ihrer ganzen unübersehbaren Gliederung dennoch ihren Grundprinzipen nach die höchste Einfachheit verwirklicht und ihr ganzes inhaltschweres Gebiet nichts weiter als die Wiederholung der Uridee (Salzidee) auf den verschiedenen Stufen der Potenzirung ist. Dieses nachzuweisen und zu zeigen, wie aus einem Ursalze alle andern Salze sekundärer Art entstanden, ist Aufgabe des Phytochemikers, die zur Zeit, wo man noch nicht einmal erkannt hat, daß der Charakter der ganzen Pflanzenstoffwelt ein salziger sey, also die Salzindividuen noch ganz außer Acht läßt, noch ungelöst bleiben muß. Um aber auch hier zu leisten, was in unsern Kräften steht, so unternehmen wir es, wenn gleich nur mit leichten Zügen, ein phytochemisches Salzschema auf combinatorischem Wege zu versuchen.

§. 23.

Mit dem Geltendmachen der Salzidee als Grundprinzip der ganzen Phytochemie, heben sich die Zweifel und lösen sich die Widersprüche über das Wie der pflänzlichen Verbindungen. Sind sie Salze (Pflanzensalze), so können sie nur binäre seyn, da das Salz als die verkörperte Polarität, als die gleichsam fix gewordene Ausgleichung chemischer Pole, das gleichwerthige Mitwirken eines dritten und vierten Pols nothwendig ausschließt. — Berzelius, der die Ansicht von den ternären und quaternären Verbindungen in der Phyto- und Zoochemie als ein Unterscheidendes von den allein binär seyn sollenden Mineralstoffverbindungen geltend zu machen suchte, hat das Grundgesetz jeder wissenschaftlichen Naturforschung, das polare Verhältniß, außer Acht gelassen. Denn nach solchem ist es unmöglich, daß A, B und C sich mit gleichem Kraftwerthe verbinden können. B müßte = C seyn, wenn die Verwandtschaft von A zu B = der Verwandtschaft von A zu C wäre. Nun ist aber B nicht = C; folglich auch die Verwandtschaft von C zu A nicht = der von B zu A. Woraus sich ergiebt, daß, wenn A, B und C zusammen mit einander in Contakt kommen, diese sich zu einander — eben weil sie nicht gleich sind und die Verwandtschaftsäußerung nichts mechanisch-Adhärirendes, sondern die eigenthümliche Lebensäußerung eines jeden bestimmten chemischen Faktors ist und folglich so viele verschiedene Verwandtschaftsäußerungen als entschiedene Faktoren existiren — nicht gleichwerthig verhalten, und darum keine Verbindung zu constituiren im Stande sind, worin sie alle drey gleichen Rang behaupteten. Eine Annahme, die man mit der Aufführung ternärer Verbindungen geltend machen will, die aber in sich selbst zerfällt, weil sie irrational ist. Denn verhalten sich B und C gleichwerthig zu A, so sind sie auch unter sich gleich; repräsentiren daher nicht zwey, sondern nur einen Faktor und ihre Verbindung mit A ist folglich eine binäre. Sind sie aber unter sich nicht gleich, so können sie sich auch nicht gleich gegen A verhalten und folglich wird, wenn sich B und C mit A einigen sollen, dies nur successive geschehen können, so daß je nach dem Grade der Verwandtschaft entweder A mit B oder A mit C sich zuerst verbindet und dann erst der andere Faktor an die Reihe kommt, der nun aber nicht mit A allein, sondern mit einem ganz neuen Faktor, nemlich mit A + B, oder mit A + C, welche Verbindungen hier als Einheiten auftreten, sich vereinigt, weil A nach der Voraussetzung sich schon mit einem derselben verbunden hat. Gesetzt, es verbånden sich nun diese drey Faktoren mit einander, so kann es immer nur auf die angegebene Weise geschehen: das Produkt ist ein binåres, ein Salz im wissenschaftlich chemischen Sinne.

Anm. 1. Bischof ist, vom elektro-chemischen Standpunkt aus, zu demselben Resultate: daß die Pflanzenstoffverbindungen nur binåre seyn könnten, gelangt (Nees v. E., Bischof und Rothe: die Entwicklung der Pflanzensubstanz ꝛc. Erlangen 1819. p. 47). — Ein für unsere Ansicht höchst erfreuliches Zusammentreffen mit diesem trefflichen Forscher, von einer so entgegengesetzten Seite aus.

Anm. 2. Döbereiner hat schon früher durch beygebrachte Thatsachen diesen Ansichten eine wichtige Stütze gegeben. Wir erinnern hier nur an dessen herrliche Untersuchungen über die Zusammensetzung der Kleesäure (Schweigger Journ. 1816. B. XVI. p. 105.), des Zuckers und Alkohols (am angef. O. B. XVI. p. 138).

§. 24.

Nach dieser Einleitung wird es nun möglich, die verschiedenen Salzpositionen des pflänzlichen Ursalzes anzudeuten. Die Salzidee bezeichnen wir mit dem allgemeinen Ausdruck A + B. A bedeutet den aciden, B den basischen Pol. Beyde sind unzähliger quantitativ und qualitativ verschiedener Combinationen fähig, die sich, obwohl aus einem Urgegensatz entsprungen, unter den Händen des Chemikers als eben so viele verschiedene Pflanzensalze individualisiren, und die, weil ihre Werthe mit dem Grad der Combinirung wachsen, am besten nach der Vielheit der Glieder, woraus sie bestehen, aufgeführt werden könnten, wenns hier nicht wegen der Benennungen Schwierigkeiten gäbe, denen wir dadurch auszuweichen glauben, daß wir neben jeder Salzabtheilung mit anderm Gliederbau eine Unterscheidungsziffer setzen, die man Klasse ꝛc. nennen mag.

Pole

Pole des Ursalzes

A. B.

I. $(A + B) =$ Ursalz.

II. $(A + B) + A$

$(A + B) + B$

III. $[(A + B) + A] + A$

$[(A + B) + A] + B$

$[(A + B) + B] + A$

$[(A + B) + B] + B$

IV. $[(A + B) + A] + (A + B)$

$[(A + B) + B] + (A + B)$

V. $[(A + B) + A] + [(A + B) + B]$

VI. $\{[(A + B) + A] + A\} + A$

$\{[(A + B) + A] + A\} + B$

$\{[(A + B) + A] + B\} + A$

$\{[(A + B) + A] + B\} + B$

$\{[(A + B) + B] + A\} + A$

$\{[(A + B) + B] + A\} + B$

$\{[(A + B) + B] + B\} + A$

$\{[(A + B) + B] + B\} + B$

VII. $\{[(A + B) + A] + A\} + [A + B]$

$\{[(A + B) + A] + B\} + [A + B]$

$\{[(A + B) + B] + A\} + [A + B]$

$\{[(A + B) + B] + B\} + [A + B]$

VIII. $\{[(A + B) + A] + A\} + [(A + B) + A]$

$\{[(A + B) + A] + A\} + [(A + B) + B]$

$\{[(A + B) + A] + B\} + [(A + B) + A]$

$\{[(A + B) + A] + B\} + [(A + B) + B]$

$\{[(A + B) + B] + A\} + [(A + B) + A]$

$\{[(A + B) + B] + A\} + [(A + B) + B]$

$\{[(A + B) + B] + B\} + [(A + B) + A]$

$\{[(A + B) + B] + B\} + [(A + B) + B)$

IX. $\{[(A + B) + A] + A\} + \{[(A + B) + A] + B\}$

$\{[(A + B) + A] + A\} + \{[(A + B) + B] + A\}$

$\{[(A + B) + A] + A\} + \{[(A + B) + B] + B\}$

$\{[(A + B) + A] + B\} + \{[(A + B) + B] + A\}$

$\{[(A + B) + A] + B\} + \{[(A + B) + B] + B\}$

$\{[(A + B) + B] + A\} + \{[(A + B) + B] + B\}$

X. $\{[(A + B) + A] + [A + B)\} + A$

$\{[(A + B) + A] + [A + B]\} + B$

$\{[(A + B) + B] + [A + B]\} + A$

$\{[(A + B) + B] + [A + B]\} + B$

XI. $\{[(A + B) + A] + [A + B]\} + \{A + B\}$

$\{[(A + B) + B] + [A + B]\} + \{A + B\}$

XII. $\{[(A + B) + A) + [A + B]\} + \{(A + B) + A\}$

$\{[(A + B) + A] + [A + B]\} + \{(A + B) + B\}$

$\{[(A + B) + B] + [A + B]\} + \{(A + B) + A\}$

$$\left\{[(A+B)+B]+[A+B]\right\} + \left\{(A+B)+B\right\}$$

XIII. $$\left\{[(A+B)+A]+[A+B]\right\} + \left\{[(A+B)+A]+A\right\}$$

$$\left\{[(A+B)+A]+[A+B]\right\} + \left\{[(A+B)+A]+B\right\}$$

und so weiter.

§. 25.

Nun zur Deutung dieser Ausdrücke. Aus Gründen, die hier zu entwickeln zu weitläuftig seyn würde, setzen wir die Bestandtheile des Wassers als die Elemente (Uranfänge, Urstoffe) der Pflanze und das Wasser als das Ursalz, von welchem alle andern pflänzlichen Salze nur Positionen und Potenziationen vorstellen. Es ist daher:

A = Oxygen, Wassersäure;

B = Hydrogen, Wasserbase;

A + B = Wasser;

(A + B +) + A ist die erste Oxydation des Wassers; vielleicht Kohlenstoff;

(A + B) + B ist die erste Hydrogenisation des Wassers; vielleicht Stickstoff;

[(A + B) + A] + A ist die zweyte Oxydation des Wassers oder oxydirter Kohlenstoff; vielleicht Kohlenoxyd;

[(A + B) + B] + B ist die zweyte Hydrogenisation des Wassers; oder hydogenirter Stickstoff; vielleicht Ammonium oder irgend eine noch unentdeckte Pflanzenbase;

$\left\{[(A+B)+A]+A\right\}+A$ ist die dritte Oxydation des Wassers; vielleicht oxydirtes Kohlenoxyd: Kohlensäure;

$\{[(A+B)+B]+B\}+B$ ist die dritte Hydrogenisation des Wassers; vielleicht hydogenirtes Ammonium: eine noch zu entdeckende Pflanzenbase rc. rc.

Hiezwischen liegen nun, wie auch schon das obige Schema zeigt, mehrere Combinationen, deren Deutung wir hier aber eben so wenig versuchen als wir willens sind, hier etwas Ausführliches zu geben, indem das Gegebene zur Orientirung des Forschers hinreicht, und das Mehr von dieser Sache, die noch gänzlich der empirischen Nachweisungen ermangelt, wenigstens hier am unrechten Orte ist. Man nehme daher das Gesagte nur für einen Versuch, um zu zeigen, wie in Zukunft einmal die Unzahl der Pflanzenstoffe behufs der Phyto-Stöchiologie aus einem Prinzip abzuleiten wäre.

Anm. Wir können uns das Vergnügen nicht versagen, hier einer Arbeit zu gedenken, die sich unter unsern Augen gestaltete: die mathematische Grundlage eines künftigen Systems der Oryktochemie, die Freund Poggendorf aus den Verbindungen der bekannten 52 oryktochemischen Elemente nach den Grundsätzen der Combinationslehre mit einem Erfolg herleitete, daß eine baldige Bekanntmachung dieser die Erfahrungen (deren die Oryktochemie so reich ist) zu einem großen Ganzen verknüpfenden Arbeit sehr wünschenswerth ist. Wann wird es in der Pflanzenchemie so weit kommen? —

§. 26.

Wir kehren nun zurück zu unserer organischen Stoffsystematik. Sie zeigt unverkennbar, welchen Einfluß künftig einmal die Pflanzenanatomie (Phyto-Morphoscopie Cap. I. §. 17. 1.) auf die Phytochemie ausüben wird. Der Phytochemiker muß auch Phytotom werden und seyn, wenn seine Arbeiten der Wissenschaft frommen sollen. — Die bisherigen Pflanzenanalysen sind im Grunde nur rohe Versuche, um mit den Pflanzen umgehen zu lernen. Die wahre phytochemische Analyse in die innersten Tiefen der Pflanze eröffnet, fehlt noch ganz und kann erst dann entstehen, wenn die Formanalyse (Phytotomie — Morphoscopie) der Stoffanalyse vorangeht, die Stoffe gleichsam in ihrer geheimen Werkstätte überrascht, um sie dem Chemiker zu überliefern. Dann wird auch die Zeit kommen, wo die Phytochemie mit Erfolg in die Phyto-Morphologie (Botanik) eingreift, und ihr bey der Stellung der Familien, der Unterscheidung der Gattungen und der Aufzählung der Arten hülfreiche Hand leistet, um ihren Arbeiten auch von der andern, stoffigen Seite her die wissenschaftliche Bestätigung zu verleihen.

Es giebt der Fälle so viele, namentlich bey den Blüten- und Geschlechtslosen Pflanzen (Laubpflanzengruppe (Cap. II. §. 62.), wo der Botaniker, blos die Form betrachtend, Pflanzen unter einer Gattung oder einem Namen zusammenbringt, die stoffig sehr verschieden sind, wiewohl sie es formell, wegen des nicht Ausgebildetseyns der Form nicht zu seyn scheinen.

Anm. So faßt man z. B. mehrere Staubpilze, die auf höchst verschiedenen Pflanzen vorkommen, unter die Namen „weißen und gelben Roßbrand" zusammen, meynend, der äußern Form nach urtheilend, sie seyen identisch. „Denselben weißen Roßbrand", sagt Sprengel *) findet man auf dem Täschelkraut, wie auf Winterlevkojen und auf Alyssum incanum: denselben gelben auf mehrern Weiden, auf Alchemilla vulgaris, auf Pyrola rotundifolia, auf ver-

*) Kurt Sprengel Anleitung zur Kenntniß der Gewächse. 2te Aufl. II. Th. Halle 1817. p. 9.

schiedenen Euphorbien, auf Flachsblättern, auf Potentilla argentea u. s. f." — Wir sind fast überzeugt, daß eine phytochemische Untersuchung bey diesen dem Ansehn nach so gleichen Pilzarten eine große Verschiedenheit in ihrem Stoffverhältniß ergeben möchte, und ersuchen daher die Botaniker, uns dergleichen bey vorkommenden Fällen in natura mitzutheilen Mit großer Freude werden wir dann ihrem Wunsche, dieselben zu untersuchen, nachkommen *). — Ueberhaupt werden uns Fragen, die Pflanze in stoffiger Hinsicht betreffend, stets willkommen seyn.

§. 27.

Alle bisher angedeuteten Stoffabtheilungen sind einestheils charakterisirt durch den Ort ihres Vorkommens: die Stoffgruppen durch die Pflanzengruppen, die Stofffamilien durch die Pflanzenfamilien, die Stoffgattungen durch die Pflanzengattungen; die Stoffarten durch die Pflanzenarten oder durch die diesen großen Abtheilungen entsprechenden kleinern Abtheilungen der kleinen Pflanze; — anderntheils charakterisiren sie aber auch ihren Wohnsitz, das von ihm auf stoffige Weise repräsentirend, was sich im äußern in der Form darstellt. Die Wurzel wäre nimmer Wurzel der Form nach, wenn sie nicht W u r z e l s t o f f e enthielte. Stengel und Laub wären solches gleichfalls nicht, wenn ihr Stoffverhältniß nicht ein s t e n g e l i g e s und l a u b i g e s wäre. Die Pflanzenarten, Gattungen, Familien und Gruppen wären es nicht formaliter, wenn das Stoffige in ihnen der F o r m n i c h t den Leib liehe, um als die bestimmte zu erscheinen.

§. 28.

Diese Stoffe sind demnach die V e r l e i b l i c h u n g

---

*) Es bedarf dazu nicht der Pfunde, sondern einige Drachmen sind zu einer vergleichenden Untersuchung hinreichend.

der Pflanzen- und Pflanzenreichsabtheilungen, die in ihrer vollendeten Darstellung ihre höchsten Lebensaktionen feyern und eben dadurch zur höchst-möglichen Formausbildung, deren sie fähig sind, gelangen. Alle drey Momente: Akme der Lebensaktionen, vollendete Stoffzeugung und höchst-mögliche Formausbildung treffen hier in einem Punkt zusammen: im Culminationspunkt des zu durchlaufenden Lebenscyklus. Er realisirt das erreichte Streben. Vor ihm liegt Fortschritt (Streben nach Erreichung eines andern), hinter ihm Rückschritt (Ablegung und Entäußerung des Erreichten). — In der Blütenknospe stellt z. B. das Laubpflänzchen das Streben dar Blütenstoffe zu produziren, in der Blütenausbildung ist dies Streben erreicht, aber in der Evolution des Fruchtknotens entäußert sich die Blüte neben der Form auch ihrer Stoffe und tritt den Rückschritt an. Von diesen drey Stoffproduktionen sind die Blütenstoffe das die Blüte Charakterisirende ihr Gleichbild; die Stoffe der Blütenknospe sind nur das Vorbild, die des Fruchtknotens nur das Nachbild derselben: sie können nur beziehungsweise, keinesweges aber im engern Sinne „Blütenstoffe" genannt werden.

§. 29.

Diesen Bildungsmomenten der Stoffe gemäß, ergeben sich demnach für jede Bestandform der Pflanze und des Pflanzenreichs drey verschiedene Stoffreihen, nemlich:

1. eine Stoffreihe, die ausgebildet und vollendet erscheint;
2. eine Stoffreihe, die vorbildet;
3. eine Stoffreihe, die nachbildet.

Wir nennen die erste die gleichzeitige, die zweyte die vorzeitige und die letztere die nachzeitige Stoffreihe. Diese Stoffreihen sind zu jeder Zeit in einer jeglichen pflänzlichen Bestandform (System, Organ, oder Familie, Gattung ꝛc.), aber nach dem Grade der Entwicklung und Ausbildung in dem verschiedensten Verhältniß zu einander, da.

Die gleichzeitige Stoffreihe.

§. 30.

Diese Stoffreihe ist das Charakterisirende und die Hauptreihe eines jeden Pflanzentheils. Die ganze in dem Obigen skizzirte Stoffsystematik bezieht sich auf diese in der Pflanze und im Pflanzenreich vollendet auftretende Stoffreihe. Die Laubpflänzchenstoffe des Laubpflänzchens, die Blütenstoffe der Blüte, die Fruchtstoffe der Frucht, die Samenstoffe des Samens ꝛc. sind unter andern die zu dieser Stoffreihe zu zählenden Stoffe. Ueberhaupt schließt sie alle die Stoffe in sich, die das realiter oder stoffig darstellen, was der Pflanzentheil in dem Augenblick ist, da hingegen das, was er war und das was er seyn wird, durch die andern beyden Stoffreihen rückwärts oder vorwärts zeigend, angedeutet wird. Die gleichzeitige Stoffreihe ist daher die vorwaltendste und die ihr angehörigen Stoffe sind in solcher Menge vorhanden, daß man alles andere neben ihr noch Daseyende fast übersieht. Sie bildet daher den Centralpunkt für die beyden andern Reihen, die mit ihr genetisch verbunden, als ihre Anfangs- und Endpunkte zu betrachten sind. Den Anfangspunkt bezeichnet nemlich die vorzeitige, den Endpunkt die nachzeitige Stoffreihe.

Die vorzeitige und nachzeitige Stoffreihe.

§. 31.

Die erstere deutet das Kommende, die letztere das Vergangne an. Wenn das Laubpflänzchen sich aus dem Samen evolvirt, so nimmt sie Samenartiges in sich auf, selbst nichts weiter als Samenmetamorphose seyend. Je mehr sie sich nun ihrer vollkommenern Ausbildung nähert, desto mehr entledigt sie sich dieses Samenartigen zu Gunsten der freyer hervortretenden eigentlichen Laubpflänzchenstoffe, die hier die gleichzeitige Stoffreihe repräsentiren, indeß die (wenn gleich im höchst untergeordneten Zustande) noch vorhanden seyenden Samenstoffe, an das Vergangne, an die Entstehung der Laubpflanze aus dem Samen noch erinnernd, die nachzeitige Stoffreihe andeuten. — Aber das Laubpflänzchen verwirklicht auch das Streben, Blüte zu werden in der Blütenknospe, die sich aus ihr evolvirend, schon stoffig vorgebildet seyn muß. Das Laubpflänzchen trifft gleichsam Vorbereitungen, sammelt Materialien zur Blütenerzeugung und so entsteht in ihr die vorzeitige Stoffreihe. Diese bereitet vor, was kommen soll und findet sich = der gleich- und nachzeitigen Reihe auch nothwendig in jedem Pflanzentheil, weil nirgend Stillstand, sondern überall Fortbildung oder Rückbildung statt hat. Eine ähnliche Bewandtniß hat es mit der Blüte, in der noch stoffige Ueberbleibsel von dem Laubpflänzchen her zu erkennen, und schon Vorausbildungen für die künftige Frucht wahrzunehmen seyn müssen. Mit der Entwicklung der Blütensysteme (Cap. 2. §. 14.) ist zugleich schon die Möglichkeit zur Entstehung der Fruchtsysteme gegeben, welche sich auch bald im Fruchtknoten zu realisiren beginnen.

So geht es bey allen Pflanzentheilen. Daß vom Pflanzenreich dasselbe gilt, versteht sich von selbst. Wie in demselben bey den verschiedenen Familien, Gattungen und Arten, die eine immer organisch (formell) das vorbildet, was die andere erst erreicht — z. B. das Farrenkraut Blüte und Frucht schon vorgebildet hat, das Gras, das vorbildet, was in den spätern Familien „Kelch" heißt, die Lilie die Corolle, deren vollkommene Ausbildung erst in höhern Pflanzen zu Stande kommt — so muß es auch dem Stoff nach seyn. Wäre die Phytochemie schon so weit, daß sie vergleichend durchgeführte Analysen der Arten, Gattungen und Familien aufweisen könnte, so würde es sich zeigen, daß die eine immer die Stoffe angedeutet enthält, die erst in der andern zur völligen Ausbildung kommen; und umgekehrt sich die Reste von den Stoffen in denselben noch vorfinden, die in der Familie, woraus sie sich evolvirten, die herrschenden waren.

§. 32.

Mit der wissenschaftlichen Erkennung des Daseyns dieser drey Stoffreihen in jedem pflänzlichen Bildungstheil sind dem Phytochemiker ungeheure Probleme aufgegeben, deren faktisch-empirische Lösung noch mancherley menschliche Kräfte in Anspruch nehmen wird. Aber möglich ist sie, man verzage nur nicht! Die Natur hat uns auch hier deutliche Fingerzeige gegeben, die wir nach und nach verstehen lernen müssen. Das Höhere, das sich aus dem Niedern entwickelt, ist nur die Wiederholung dieses Niedern auf einer höhern Potenz. Es muß daher in diesem Niedern selbst entstehen, in ihm gebildet werden, ehe es selbstständig als das Höhere hervortritt. In der Zwiebel lassen sich schon formell (anatomisch) Stengel und Laub nachweisen. Im Samen ist das künftige Laubpflänzchen schon erkennbar, wenn er gleich noch unveränderter Same zu seyn scheint. Was aber der Form nach schon da ist, das ist es auch dem Stoff nach und so sind die Wurzel-, Stengel- und Laubstoffe schon im Samen vorgebildet und so fort. Dies ist die wahre Einschachtelungs- und Evolutionstheorie, die in dem Vorhandenen das Kommende und das Dagewesene vorher- und zurücksieht! —

§. 33.

Wie ist nun dieses aus der Genesis der Bestandformen der kleinen und großen Pflanze als nothwendig sich ergebende Stoffverhältniß empirisch nachzuweisen? Wie wird man in den Stand gesetzt mit Gewißheit auszumitteln, welche Stoffe der gleichzeitigen, der vorzeitigen und der nachzeitigen Reihe angehören? — Dies ist nur auf pflänzlich-lebendigem Wege möglich, auf welchem man die Pflanze in ihren verschiedenen Lebensperioden und Entwicklungsepochen phytochemisch untersucht. Zuerst hat diese Untersuchung auszumachen, was die gleichzeitige Stoffreihe sey, ihre Merkmale und Eigenthümlichkeiten; indem sie nach dem Obigen (§. 30.) das Hauptsächlichste und Wesentlichste eines jeden Theils, das was seinem vollkommenen Entwicklungszustand parallel geht, ist. Die Wurzelstoffe der Wurzel, die Stengelstoffe des Stengels, die Blattstoffe des Blatts müssen erst ausgemittelt und bestimmt werden, ehe man sich um die, nach der auf- oder absteigenden Lebenshälfte hin abweichenden Stoffe, (vor-

und nachzeitige Reihe) z. B. um die Wurzelstoffe im Stengel und Blatt, um die Stengelstoffe im Blatt oder endlich um die Stengel- und Blattstoffe in der Wurzel bekümmern kann. Hiezu ist aber nicht nur eine große Menge von Analysen gleichbedeutender Systeme, Organe rc. nöthig, sondern auch eine vergleichende Untersuchung der diesen Bestandformen der kleinen Pflanze entsprechenden des Pflanzenreichs, und Parallelisirung des dort Gefundenen mit dem hier Gefundenen. Nur so wird es möglich seyn, das Problem zu lösen. Wenn erst einige hundert Wurzeln, Stengel und Blätter, und Blüten-, Frucht-, Samensysteme rc. analysirt sind, dann wird man im Stande seyn, mit einiger Wahrscheinlichkeit die Charakteristik der Wurzel-, Stengel-, Blattstoffe rc. zu geben und zu bestimmen, welche Stoffe der gleichzeitigen Reihe angehören. — An solche Arbeiten ist noch nicht gedacht, weil man das Bedürfniß ihres Daseyns noch nicht fühlte und in dem Wahn stand, daß hier wohl formelle, aber keinesweges stoffige Unterschiede zu finden seyen.

§. 34.

Um die **vorzeitige Stoffreihe** auszumitteln, wäre etwa folgendermaßen zu verfahren. Gälte es z. B. die in der Wurzel schon vorgebildeten Stengelstoffe ausfindig zu machen, so wäre die Wurzel zu untersuchen 1) vor dem Stengeltriebe, 2) nach dem Stengeltriebe und seiner völligen Ausbildung, und endlich 3) nach dem Absterben des Stengels. Aus der qualitativen und quantitativen Verschiedenheit der Stoffe in diesen drey Fällen, verbunden mit der durch die vergleichende Stengelanalyse gefundenen Qualität und Quantität der Stengelstoffe ließe sich nun über die Wurzelstengelstoffe, die vielleicht vor und nach dem Stengeltriebe in größerer Menge als während seiner vollendeten Evolution aus der Wurzel da sind, urtheilen.

Um die, aus den erörterten Gründen im Stengel als vorhanden vorauszusetzenden Laubstoffe empirisch nachzuweisen, wäre dieser auf ähnliche Weise wie die Wurzel zu analysiren, nemlich einmal vor der völligen Blattentwicklung, ein andermal nach dem Blatttrieb, und aus der Differenz in beyden Fällen mit Berücksichtigung der Blattanalyse selbst das Resultat zu ziehen. Und so mit allen Pflanzentheilen.

§. 35.

Nach dieser genetischen Beziehung der pflänzlichen Stoffe gestaltet sich das dargestellte System nun noch anders, indem jede Stoffgruppe, Stofffamilie, Stoffgattung und Stoffart in die Dreyfachheit der gleich- vor- und nachzeitigen Reihe zerfällt, wovon wir als Beyspiel nur die Zerfallung einiger Stoffgruppen der kleinen Pflanze (§. 6.) hier anführen.

I. Die Laubpflänzchenstoffgruppe zerfällt

A. in die gleichzeitige Reihe: eigentliche Laubpflänzchenstoffe;

B. in die vorzeitige Stoffreihe: Laubpflänzchenblütenstoffe;

C. in die nachzeitige Reihe: Samenlaubpflänzchenstoffe.

II. Die Blütenpflänzchenstoffgruppe theilt sich:

A. in die gleichzeitige Stoffreihe: eigentliche Blütenpflänzchenstoffe;

B. in die vorzeitige Stoffreihe: Blütenpflänzchenfruchtstoffe;

C. in die nachzeitige Stoffreihe: Laubpflänzchen-blütenstoffe.

III. Die Fruchtpflänzchenstoffgruppe besteht gleichfalls aus

A. der gleichzeitigen Stoffreihe: eigentliche Fruchtpflänzchenstoffe;

B. der vorzeitigen Stoffreihe: Fruchtpflänzchensamenstoffe;

C. der nachzeitigen Stoffreihe: Blütenfruchtstoffe.

IV. Die Samenpflänzchenstoffgruppe hat nicht minder

A. eine gleichzeitige Stoffreihe: eigentliche Samenpflänzchenstoffe;

B. eine vorzeitige Stoffreihe: Samenlaubpflänzchenstoffe;

C. eine nachzeitige Stoffreihe: Fruchtsamenpflänzchenstoffe rc. rc.

§. 36.

Alle diese Dinge mögen auf den ersten Blick hin höchst paradox erscheinen, und manchen abschrecken, tiefer einzudringen. Sie sind es aber wirklich nicht, sondern ergeben sich sehr natürlich und consequent aus dem Metamorphosengang der Pflanze, wie er oben (Cap. II.) dargestellt worden. In einer Zeit, wo sich alles läutert, darf auch die Pflanzenstoffwissenschaft nicht auf der niedern Stufe stehen bleiben, worauf sie sich bisher in langweiliger Ruhe befand, sondern sie muß emporblühen zu einem Grade der Vollkommenheit, der dem Entwicklungszustand des jetzigen geistigen Menschen angemessen ist. Dieser ist reif für solche Betrachtungen, und um so mehr haben wir hier denselben Raum gegeben. Da wir aber weit entfernt sind zu wähnen, hier etwas Vollendetes aufgestellt zu haben, so sind wir auf die Gegenreden und Einwürfe Anderer gefaßt, die nur dazu dienen können, das Ganze durch Kampf zu bewähren oder seine Schlechtigkeit darzuthun.

B. Stoffeintheilung nach der künstlichen Auseinanderlegung der Stoffe (Analyse).

§. 37.

Nicht aus wissenschaftlichem Antriebe, sondern aus Noth unternehmen wir eine solche Eintheilung, die, weil die Analysirmethode selbst noch nicht auf nothwendige Prinzipien zurückgeführt worden, immer willkührlich ausfallen muß. Wie aber der Baumeister erst ans Gerüst zu denken hat, ehe er den Bau beginnt und vollendet, so müssen auch wir, bevor es möglich ist, das oben genetisch entwickelte Pflanzenstoffsystem wissenschaftlich (d. h. empirisch, spekulativ und mathematisch) zu begründen, am Gerüste zimmern, Materialien zum Bau herbeyschaffen, diese durch Namen auszeichnen und an einem paßlichen Ort niederlegen, damit wenn der Bau einmal beginnen soll, alles gehörig vorbereitet, leicht zu finden und herbeyzuschaffen sey, und der ordnende Geist des Systematikers die Hauptinhindernisse schon aus dem Wege geräumt findet. Durch diese Aufgabe wird vorzugsweise die empirische Seite der Phytochemie (Stöchioscopie) in Anspruch genommen: sie soll der Idee mit Thatsachen entgegenkommen, damit jene (die Idee) in diesen ihren realen Wiederschein finde; was nur allein dem Endziel der ganzen Phytochemie: dem System seiner Stoffwelt näher bringen kann.

§. 38.

Daß eine gründliche phytochemische Untersuchung der Pflanzen nicht nur (die man alle noch, wegen der Unvollkommenheit der bisherigen Analysirmethode, als gar nicht untersucht ansehen muß), sondern auch ihrer Systeme, Organe ꝛc. hiezu verhelfe, wird jeder leicht ermessen, der nur etwas weiter sieht. Aber welch' eine ungeheure Aufgabe! — Noch ist man nicht, ungeachtet der großen Menge entdeckter Pflanzen, mit dem Entdecken fertig — wann wird also das Analysiren, wenn es auch jetzt begönne, enden? — Millionen von Stoffen*) bietet das Pflanzenreich dar und noch ist kaum ein halbhundert erkannt! — Man tröste sich hier nur nicht wie bisher mit der Einfachheit der Natur, die mit wenigem Alles zu machen verstehe und bürde ihr nicht das Unbegreiflichste auf, was es nur geben kann, nemlich Einfachheit des Stoffs neben einer Unendlichkeit der Form. Was berechtigt die jetzigen Pflanzenanalytiker zu einer solchen Ansicht, der sie überall dadurch huldigen, wenn sie z. B. Apfelsäure, Kleesäure, Gerbstoff, thierisch-vegetabilische Materie ꝛc. in allen Pflanzen als daseyend annehmen, wenn das essigsaure Bley, das Kalkwasser, die Eisensalze und die Gallustinktur ꝛc. von solchen gefärbt und gefällt werden, oder aus Furcht „die Anzahl der nähern Pflanzenbestandtheile zu sehr zu vermehren," alles reduziren und durch Zusammenwerfung des Heterogensten scheinbare Einfachheit hervorzubringen bemüht sind? So etwas bringt die Sache nicht weiter, sondern verzögert sie, und hat sie verzögert, wie

*) Combinationen niederer und höherer Ordnungen.

wie der Augenschein lehrt, indem man nach einer höchst beschränkten Ansicht die Stoffresultate der Analysen zusammenstellte und nun in den verschiedenartigsten Substanzen doch immer dasselbe erblickte. So hat man, um nur ein Beyspiel anzuführen, den weder durch Fakten (denn die beweisen gerade das Gegentheil) noch durch Spekulation zu rechtfertigenden Satz ausgesprochen: „das Quassiabitter finde sich außer der Quassia in den verschiedenen Gentianaarten, im Carduus benedictus, Trifolium fibrinum, Polygala amara, Fumaria off. etc. *). — Abgesehen davon, daß solche Behauptungen von gewinnsüchtigen Apothekern zur Entschuldigung ihrer qui pro quo benutzt werden können, schaden sie ungemein der Wissenschaft, die bis auf den heutigen Tag noch nicht im Stande ist, die pflänzlichen Arzneyprodukte = den Mineralpräparaten chemisch zu prüfen; sondern der Arzt muß alles so hinnehmen, wie es ihm geboten wird. — Alles Folgen der Willkühr, womit man den Umfang der Wissenschaft bestimmen will.

§. 39.

Der sowohl spekulativ als auch (beym gewissenhaften Analysiren) empirisch zu erweisende Satz: daß jede durch die Form (also botanisch) unterschiedene Pflanze es auch stoffig sey, erheischt nun eine Unzahl von Analysen, deren Durchführung und Darstellung aber eben wegen ihrer Menge, einfacher, kürzer und doch vollständiger als die bisherige Art zu arbeiten und zu beschreiben seyn muß. Hiezu, besonders was die schriftliche Darstellung der analytischen

*) Vergl. L. Gmelin Handbuch der Chemie, III. Band. 1819. p. 1370.

Resultate betrifft, einige Vorschläge und eine zu diesem Behuf nöthige, gleichsam empirische, Stoffeintheilung zu geben, ist unser Vorsatz. Mögen es alle die beherzigen, denen darum zu thun ist, daß man die Beschreibung ihrer analytischen Versuche mit Lust und Nutzen lese, und nicht durch die langweiligsten, schon so oft vorgekommenen Beschreibungen von Versuchen der Leser ermüde, wodurch sie sich selbst die Genugthuung für ihre Anstrengungen rauben, verstanden und beachtet zu werden.

§. 40.

Der Phytologe mag immerhin in seinem Stoffsystem den Pflanzenstoff als ein Ganzes, Unzertheiltes betrachten — eben so wie der Naturphilosoph die Elemente: Erde, Wasser und Luft als untrennbare Einheiten ansieht, obwohl beyde unter den Händen des Chemikers in die chemischen Pole: Base und Säure zerfallen. Er streift dieses einigende Band ab; er erkennt auch den Pflanzenstoff als ein zusammengesetztes pflänzlicher Pole und nennt ihn „Salz" (§. 22.). Der Phytochemiker hat es nur mit Salzen zu thun, alle anderweitigen Stoffunterschiede anerkennt seine Wissenschaft nicht, die wie jede Wissenschaft in der unendlichfachen Repetition ihrer Grundidee besteht, die eben die Salzidee ist. Alles Analysiren gründet sich daher auf ein Salzzerlegen und Salzbilden: um diesen Stoff abzuscheiden, muß der Analytiker jenen damit vereinigen, und um diese Verbindung zu bilden, jene trennen.

§. 41.

Wenn sich nun die Analyse (weil sie nothwendig auch zugleich Synthese ist) um das Salzbilden und Salzzerlegen in weitern oder engern Kreisen herumdreht, so ist das Salz ihr einziges Losungswort, und selbst die früher *) als das Einleitende der halochemischen oder Präcipitationsmethode geltend gemachte „hydrochemische der Extractionsmethode" verkennt auch in ihren Agentien, den Lösungsmitteln, den Salzcharakter nicht, der ihnen als Salze höherer Ordnung auch in einem höhern Sinne beygelegt werden muß.

§. 42.

Betrachtet man nemlich die Wirkung der Lösungsmittel (Aether, Alkohol, Wasser) auf die Pflanzentheile näher, so ergiebt sich dies von selbst. — Die Stoffe sind in den Geweben der Organe nicht mechanisch entstanden und niedergelegt, sondern beydes auf polare Weise. Ihre Abscheidung von diesen durch die Lösungsmittel kann daher auch nur eine phytochemisch-polare seyn. Wenn das Wasser den mit der Zellfaser verbundenen Farbstoff oder das in der Zelle Enthaltene aufnimmt (löst), so muß es, um dies zu vollbringen, die Rolle eines chemischen Pols (Base oder Säure) übernehmen, so daß es, wenn der Farbstoff oder der Zellstoff mehr auf die saure Seite hinneigte, sich gegen diese als eine Base verhält, und die Faser, oder die Zelle, womit beyde verbunden waren, gleichsam austreibt und abscheidet, sich mit dem Inhalt verbindend.

§. 43.

So muß jede Lösung, gleichviel welche Lösungsmittel dabey thätig sind, angesehen werden, sonst ist das specifische Verhalten der Lösungsmittel unerklärlich. Wäre das Lösen ein mechanisches Aufnehmen und die Lösung ein eben solches Nebeneinanderseyn des Lösungs-

*) Erste Lieferung 1820. p. 85 f.

mittels und des zu Lösenden, so würde alles ohne Unterschied in jedem Lösungsmittel lösbar seyn und es folglich gar keine verschiedene Lösungsmittel geben. So aber sind es wirkliche chemische Verbindungen, die sie mit den Stoffen eingehen; es sind Salze, die wie viele andere (Mineral- und Pflanzen-) Salze wiederum aus Salzen bestehen.

§. 44.

Die Lösungsmittel sind daher für den Pflanzenanalytiker von der größten Wichtigkeit, indem er durch dieselben eine Menge Pflanzensalze zu scheiden und kennen zu lernen im Stande ist, und so die Zerlegung in Base und Säure (Pflanzensalze niederer Ordnungen) möglich macht. Mit der Extraktionsmethode beginnt die Analyse, deren ganzer Ausgang und Erfolg von der richtigen Anwendung der Lösungsmittel abhängt.

§. 45.

Ist nun das Produkt der Lösungs- oder Extraktionsmethode als ein Salzartiges erkannt, und giebt man zu, daß die drey vorzugsweise angewendet werdenden Lösungsmittel: Aether, Alkohol, Wasser sich gegen jegliches Pflanzensalz specifisch verhalten, dieses anziehend und aufnehmend, jenes abstoßend und ausscheidend, und beachtet man endlich den Werth, den diese Agentien (die ganze hydrochemische Zerlegungsweise möglich machend) für die Analyse haben, so muß eine auf das Verhalten der Lösungsmittel sich gründende Stoffeintheilung und Stoffbenennung für die leichtere Uebersicht und Verständlichmachung des Gefundenen dem Forscher sehr willkommen seyn, dem es nicht um Bogenfüllen, sondern um das rein Wissenschaftliche zu thun ist. — Es herrscht jetzt ein ungeheurer Wirwarr und eine unausstehliche Weitschweifigkeit in der Beschreibungsart des durch die Lösungsmittel Dargestellten (worauf die meisten Analysen sich noch immer beschränken), daß es ein höchst trostloses Geschäft ist, sich durch solche Beschreibungen, die selten unter 40—60 Oktavseiten lang sind, hindurch zu arbeiten, zumal wenn man sieht, daß das Ganze unbeschadet der Deutlichkeit auf höchstens 15 bis 20 Seiten hätte dargestellt werden können. — Doch zur Sache.

§. 46.

Wenn man einen Pflanzentheil mit den drey Hauptagentien der hydrochemischen Analysirmethode: Aether, Alkohol und Wasser*) successive behandelt, so kann die Ausbeute an hiedurch zu erhaltenden Stoff im Allgemeinen eine siebenfache seyn; man wird nemlich abscheiden:

1. Stoffe, die sich mit jedem der drey Lösungsmittel verbinden lassen: die in Aether, Alkohol und Wasser löslich sind.
2. Stoffe, die nur in Aether und Alkohol sich lösen, im Wasser aber unlöslich sind.
3. Stoffe, die in Aether und Wasser lösbar sind, in Alkohol nicht.
4. Stoffe, die nicht mit Aether, aber wohl mit Alkohol und Wasser sich einigen.
5. Stoffe, die bloß in Aether sich lösen.
6. Stoffe, die bloß der Alkohol aufnimmt.

*) Wir bemerken hier ein für alle mal, daß unter Aether Alkohol und Wasserfreyer Aether, unter Alkohol wasserfreyer Alkohol und endlich unter Wasser reines, destillirtes Wasser verstanden werde.

7. Stoffe, die nur das Wasser sich aneignen kann.

§. 46.

Gesetzt nun es fänden sich in jedem Pflanzentheile durch die Behandlung mit den genannten Lösungsmitteln solche Stoffe, so zerfiele die hydrochemische Zerlegungsweise ganz natürlich in 7 Abschnitte, von denen ein jeder zur Aufgabe hätte: den bestimmten, mit den entsprechenden Lösungsmitteln vereinbaren Stoff darzustellen, und man könnte diese erste Hälfte der Analyse in diese sieben Abschnitte eingetheilt darstellen, was leicht durch Ueberschrift mit Ziffern ins Werk zu richten wäre. Bey einer solchen Darstellung würde sich der Leser ungemein leicht orientiren, und er wüßte auf den ersten Blick, in welcher Sphäre sich der Analytiker auf jedem Blatt bewegt, ob in der ätherischen, alkoholischen oder wässerigen. Besser wäre es aber ohne Zweifel, da der Lösungsprozeß doch eigentlich nur um des Produktes oder des Zulösenden willen angestellt wird, dieses Produkt (das Pflanzensalz) durch bestimmte Zeichen (Ziffern) zu unterscheiden, dergestalt, daß durch dieses Zeichen sogleich auch der Weg angegeben würde, auf welchem Wege man das Salz erhalten. — Wir schlagen zu dem Ende vor, die Produkte der hydrochemischen Zerlegungsweise (die durch die Lösungsmittel abgeschiedenen Pflanzensalze) in sieben Classen nach der Lösbarkeit (vergl. §. 45.) zu vertheilen. Es kämen sonach in die

Erste Klasse: in Aether, Alkohol und Wasser lösbare Salze.

Zweyte Klasse: in Aether und Alkohol lösliche, in Wasser unlösliche Salze.

Dritte Klasse: in Aether und Wasser lösbare, in Alkohol unlösliche Salze.

Vierte Klasse: in Alkohol und Wasser lösliche, in Aether nicht lösliche Salze.

Fünfte Klasse: blos in Aether lösliche Salze.

Sechste Klasse: blos in Alkohol lösliche Salze.

Siebente Klasse: blos in Wasser lösliche Salze.

§. 47.

Diese Klassen werden, sobald die Analyse nur erst genauer und ausgebreiteter seyn wird, und das quantitative Verhältniß des Lösenden zum Gelösten berücksichtigt werden kann, in Ordnungen und Unterordnungen zerfallen, die wir aber unserer jetzigen Betrachtung zu fern liegend, hier übergehen.

§. 48.

Blickt man auf das in der Stoffeintheilung und Stoffbenennung von Andern Geleistete zurück, so ergiebt sich, daß man immer darnach gestrebt hat, die Stoffeintheilung nach den bey der Analyse angewandten Agentien, vorzüglich den Lösungsmitteln zu gründen, aber unbegreiflicher Weise hat niemand sich die möglichen Hauptfälle, wie es oben (§. 45.) geschehen, combinirt, sondern man hat gleichsam nur zufällig einzelne aufgefunden, wovon die Benennungen „Harz, Extractivstoff, Schleim" zeugen. Das Harz als bloß im Alkohol löslich, fällt unter die Salze 6. Kl., die Extractivstoff genannten Stoffe sind zur 4. Kl., und der Schleim, als bloß vom Wasser aufnehmbar, zur 7. Kl. gehörig. Alle andern Abtheilungen sind nicht erkannt und Stoffe, die zu ihnen gehören würden, sind nach anderweitigen Eigenschaften benannt und unterschieden.

§. 49.

Ein Hauptfehler bey dieser von Andern versuchten Unterscheidung der Stoffe nach der Lösbarkeit war aber, daß man sie zu weit ausdehnte und ihr durch die ganze Reihe der Pflanzen hindurch allgemeine Gültigkeit beylegte, meinend, das im Wasser und Alkohol oder bloß im Alkohol, oder bloß im Wasser Lösliche sey, auch in den der Form und Herkunft nach sehr heterogenen Pflanzen doch ein und dasselbe, daher man sich denn in den allermeisten Analysen darauf beschränkte, auszumitteln, ob der Stoff Harz, Extraktivstoff, Schleim ꝛc. sey, und damit das chemische Stoffverhältniß einer analysirten Pflanze erfaßt zu haben glaubte. Dies heißt die Sache zu weit ausdehnen und ins Oberflächliche hinüberführen. Was würden dieselben Chemiker, die diesen Mißgriff gethan haben, dazu sagen, wenn man die in Alkohol, Aether oder Wasser löslichen Mineralsalze unter einem Namen zusammenbringen wollte, ohne alle anderweitigen Unterschiede zu beachten? — Man muß daher unserer oben gegebenen Unterscheidung der Stoffe nach der Lösbarkeit keinen größern Werth als den des Nothbehelfs zur leichtern Orientirung beym Gang und der Darstellung der Analyse beylegen. Von einem so untergeordneten Criterium, als es die Lösbarkeit im Ganzen ist, kann eine wissenschaftliche Stoffeintheilung, die die Totalität des Stoffs stets als Prinzip vor Augen haben muß, nie hergenommen werden. — Uebrigens bewahren wir uns vor der Einseitigkeit, die die frühere Unterscheidung der Stoffe nach der Lösbarkeit mit sich führte, dadurch, daß wir so viele Salzklassen unterscheiden, als es botanisch verschiedene Pflanzen und

Pflanzentheile giebt, uns auf den Satz, daß Stoff mit Form congruire, stützend, so daß in jeder bestimmten Pflanze und ihren Bestandformen die genannten sieben Salzklassen auf der Potenz dieser bestimmten Pflanze wiederkehren können, wie man dies in den unten anzuführenden Analysen, wo China, Trifolium- Absinthium- Gentiana- etc. Salze 1ter, 2ter, 3ter rc. Klasse aufgeführt werden, sieht. Jetzt zur nähern Bezeichnung der Salze.

§. 50.

Die Pflanzensalze zerfallen zunächst in zwey Abtheilungen: 1) in natürliche, 2) in künstliche. Die natürlichen Salze sind die neutralen, sauren oder basischen Verbindungen von Pflanzenbasen und Pflanzensäuren, die man durch Behandlung eines Pflanzentheils mit den Lösungsmitteln erhält. So extrahirt der Aether aus der China, den Galläpfeln, der Quassia rc. unter andern Salze, die außerdem auch in Alkohol und Wasser löslich sind, und durch die halochemische oder Präcipitationsmethode in Base und Säure geschieden werden können, und sonach Chinabase und Chinasäure, Gallusbase und Gallussäure, Quassiabase und Quassiasäure enthalten, also aus dem Sauren und Basischen eines und desselben Pflanzentheiles bestehen, und wahrscheinlich in den meisten Fällen in solchem Zustande auch in der Pflanze selbst vorhanden sind. Solche Salze nennen wir natürliche Salze. Künstliche Salze dagegen sind solche, die gleichfalls den basischen und sauren Pol zu einem neuen dritten verbunden enthalten, aber als solche nicht gebildet in den Pflanzen vorkommen, sondern theils durch die Analyse, theils durch die Prüfung gegen pflänzliche Reagentien erst gebildet werden, also aus dem Sauren und Basischen verschiedener Pflanzentheile zusammengesetzt sind. So ist z. B. der Niederschlag, den das Gallussalz 1ter Kl. im China- und Quassiensalz 1ter Kl. hervorbringt, ein künstliches Salz, bestehend aus China- und Quassienbase mit Gallussäure 1ter Kl.

Anm. Die durch Erhitzen, Gefrieren, Faulen, Gähren ꝛc. erzeugten und als künstlich aufgeführten Verbindungen sind dies strenge genommen nicht, sondern vielmehr natürliche Verbindungen in ihrer individuellen Sphäre, zu künstlichen werdend, sobald man andere nicht dahin gehörige und nicht auf dieselbe Weise gleichzeitig entstandene, sich mit ihnen verbindende, Pflanzensalze hinzubringt.

§. 51.

Wählt man nun zur Bezeichnung einer phytochemischen Verbindung oder eines pflänzlichen Salzes den für einen Bruch gebräuchlichen Ausdruck und läßt die Säure den Zähler, die Base den Nennerplatz einnehmen, so sind die eben (§. 50.) angezogenen natürlichen und künstlichen Salze sehr einfach durch folgende Ausdrücke darzustellen:

1. Beyspiele von natürlichen Salzen:

$$\text{Chinasalz} = \frac{\text{Chinasäure}}{\text{Chinabase.}}$$

$$\text{Quassiensalz} = \frac{\text{Quassiensäure}}{\text{Quassienbase.}}$$

$$\text{Gallussalz} = \frac{\text{Gallussäure}}{\text{Gallusbase.}}$$

2. Beyspiele von künstlichen Salzen:

$$\text{Gallussaure Chinabase} = \frac{\text{Gallussäure}}{\text{Chinabase.}}$$

$$\text{Chinasaure Kaffebase} = \frac{\text{Chinasäure}}{\text{Kaffebase.}}$$

$$\text{Essigsaure Quassienbase} = \frac{\text{Essigsäure}}{\text{Quassienbase.}}$$

Man kann bey den natürlichen Salzen, weil ihre Faktoren hinsichtlich der Abstammung gleichnamig sind, den einen Namen weglassen und statt dessen bloß ...... setzen, z. B.

$$\frac{\text{Chinasäure}}{\text{. . . base}} \text{ statt } \frac{\text{Chinasäure}}{\text{Chinabase}}$$

$$\frac{\text{Quassiensäure}}{\text{. . . . base}} \text{ statt } \frac{\text{Quassiensäure}}{\text{Quassienbase.}}$$

Auch könnte das Anhängsel „säure" und „base" wegbleiben und bloß $\frac{\text{China}}{\text{. . . .}}$, $\frac{\text{Quassia}}{\text{. . . . .}}$ geschrieben werden, wenn man ein für alle Mal die Säure an die Stelle des Zählers, die Base an die des Nenners setzte und daher auch bey den künstlichen Salzen z. B. $\frac{\text{Gallus}}{\text{China}}$ statt $\frac{\text{Gallussäure}}{\text{Chinabase}}$ setzen könnte, wenn diese Vereinfachung der Schreibart nicht für die Zukunft zu Irrungen Anlaß gäbe, indem ja Fälle nicht selten sind, daß zwey in ihrer natürlichen Verbindung als Säuren auftretende Faktoren sich zu einander wiederum wie Base und Säure, und zwey Basen sich gleichfalls so zu einander verhalten, sich zu einem Salze vereinigend, wo dann die Weglassung der Bezeichnung der ursprünglichen Polarität eine Verwechselung der Faktoren mit sich bringt. Gesetzt z. B. es verbänden sich Chinabase und Quassienbase zu einem Salze, in welchem die Chinabase die Säure, die Quassienbase die Base repräsentirte, so würde der beste Ausdruck für die Verbindung folgender seyn:

$$\frac{\text{Chinabase}}{\text{Quassienbase.}}$$

Setzte man dagegen: $\frac{\text{China}}{\text{Quassia,}}$ so würde eine Verwechselung der wahren, ursprünglichen Chinasäure mit der hier nur die Säure repräsentirenden Chinabase unvermeidlich seyn. Man behält also sehr zweckmäßig die vom gegenseitigen Verhältniß, der, das natürliche Salz constituirenden, Pole hergenommene chemischen Polbezeichnung für die Bezeichnung der künstlichen Salze bey, kann jedoch statt „säure" s., statt „base" b. setzen.

§. 52.

Diese Ausdrücke für die Pflanzensalze gewähren nun die größte Bequemlichkeit, indem die Klasse und das quantitative Verhältniß der mit einander verbundenen Faktoren leicht durch Ziffern angemerkt werden kann. Man drücke die Klasse durch die arabischen, das Quantum durch die römischen Ziffern aus und setze letztere vorne hin, erstere aber hinten an die Stelle eines Exponenten — Gesetzt, um das Gesagte durch ein Beyspiel zu erläutern, das Chinasalz 1ter Klasse bestände aus 1 Antheil Chinasäure und 2 Antheil Chinabase, so wäre der Ausdruck folgender:

$$\frac{\text{I. China.}^{1}}{\text{II. .....}^{1}}$$

Bey natürlichen Salzen, wo Base und Säure einer Klasse angehören, kann der eine Exponent wegfallen und der andere den Platz in der Mitte einnehmen: zum Beyspiel:

$$\frac{\text{I. China.}}{\text{II. .....}}\ \text{I.}$$

§. 53.

Eine vorzügliche Beachtung verdient nun noch die genaue Bezeichnung der Herkunft und Abstammung der pflänzlichen Salze. Die Stoffe nach dem Ort ihres Vorkommens zu nennen, haben wir schon früher *) — um der Verwirrung, die eine willkührliche prinziplose Nomenklatur nothwendig mit sich bringt, Grenzen zu setzen — vorgeschlagen und müssen es auch hier wiederholen, daß nur in der Befolgung dieser Grundsätze Heil für die Wissenschaft zu finden sey. Man wähle daher den Linneischen oder sonst gebräuchlichen und eingeführten Namen der Pflanze mit gleichzeitiger Bemerkung des Pflänzchens, Systems, Organs ꝛc., worin das Salz sich findet, zur Bezeichnung. Meide dagegen den Gebrauch aller deutschen Pflanzennamen, die einestheils nicht für alle Pflanzen vorhanden und nicht wesentlich zum Studium der Botanik gehören, Vielen unbekannt sind und anderntheils nicht gut Abkürzungen zulassen, die so bequem sind, wo es sich um Zeit- und Raumersparung handelt. Die oben Beyspiels halber aufgeführten Salze würden demnach so zu bezeichnen seyn:

Cinchona cordifolia

. . . .

Quassia excelsa

. . . .

Gallae turticae **)

. . . .

*) Erste Lieferung: Viertes Kapitel p. 93.

**) Die Galläpfel sind, wie alle Pflanzenkrankheiten, andere Pflanzen niederer Ordnung. Es fehlt also noch der eigentliche Name für diese Parasiten, die ein Insekt ins Daseyn ruft.

Diese Bezeichnungen können nun abgekürzt werden in

Cinch. cord.
. . . .

Quass. excels.
. . . .

Gall. türt.
. . . .

Bey Pflanzennamen, die sehr unbekannt sind, oder von denen noch nicht entschieden ist, ob sie bleiben werden, thut man besser, sich des allgemein gebräuchlichen zu bedienen, z. B. statt Cinch. cordifolia: China regia; statt Cinch. condaminea: China fusca statt Cinch. longifolia: China rubra etc.

§. 54.

Da wir es, wenn nicht bewiesen, doch wahrscheinlich gemacht zu haben glauben, daß jedem eigenthümlichen Bildungstheil der Pflanze eigenthümliche Stoffe parallel gehen, so erheischt die Wissenschaft die organische Abstammung oder den Fundort des Stoffs genau im Auge zu behalten, und jedesmal, wenn man des letztern gedenkt, auch das erstere, als eine gleichsam durch den Geburtsort verliehene Charakteristik mit zu bemerken. — Nur dadurch, daß man der chemischen Analyse stets die anatomische vorangehen läßt und nicht Systeme oder Organe, sondern nur ein Organ rc. untersucht, und wo es angeht, noch mehr ins Einzelne geht — nur dadurch ist auf diesem Gebiete Heil zu finden und die Beziehung zwischen Form und Stoff, die die spekulative Forschung gebietet, auch empirisch zu bewähren.

§. 55.

In dem oben gegebenen Grundriß eines Stoffsystems haben wir diesen Forderungen schon dadurch genügt, daß wir den Stoffabtheilungen die Namen des Pflanzentheils gaben, worin sie ihren Sitz haben; es ist daher hier dasselbe in Bezug auf die Analyse und die schriftliche Darstellung ihrer Resultate zu wiederholen.

§. 56.

Zuerst ist zu bemerken, welcher Hauptabtheilung (Pflänzchen) der Stoff angehört, ob dem Kraut, der Blüte, der Frucht oder dem Samen. Wir schlagen hiezu die von der oben angemerkten griechischen Benennung dieser Theile herzunehmende Bezeichnung vor, zu welchem Ende man den Anfangsbuchstaben jedes Pflänzchens (mit groß lateinischer Schrift) dem Namen der Pflanze vorsetzt, deren Stoffe man nahmhaft machen will. Es wird sonach unterschieden:

1. Kraut, poa durch P.
2. Blüte, anthos durch A.
3. Frucht, carpos durch C.
4. Samen, sperma durch S.

Beyspiele:

P. $\frac{\text{Menyanth. trif.}}{\text{...........}}$ heißt Stoff oder Salz aus dem Kraut des Fieberklees.

A. $\frac{\text{Arnic. mont.}}{\text{.........}}$ heißt Salz aus den Wohlverleyblumen.

C. $\frac{\text{Cucum. coloc.}}{\text{.........}}$ heißt Salz aus der Koloquintenfrucht.

S. $\frac{\text{Hyosc. n.}}{\text{.......}}$ = Salz aus Schwarzbilsensamen.

§. 57.

Diese allgemeinen Bezeichnungen fordern aber nothwendig besondere, denn es fragt sich zunächst, aus welchem System des Krauts, der Blüte, der Frucht und des Samens ist das Salz.

§. 58.

Wir haben zur Bezeichnung der drey Systeme eines jeden Pflänzchens drey Benennungen eingeführt (vergl. II. Cap.), die in jedem Pflänzchen wiederkehren; es sind rhiza, stelechos und phyllon. Diese finden auch hier Anwendung und erleichtern die Bezeichnung dadurch ungemein, daß man die Abkürzungen von diesen Wörtern nur hinter P, A, C, S zu setzen braucht, um sogleich das System eines bestimmten Pflänzchens namhaft zu machen. Man verkürze zu diesem Endzweck rhiza zu *rh*, stelechos zu *st*, phyllon zu *phy* und schreibe diese Abkürzungen hinter die das Pflänzchen anzeigenden großen Buchstaben folgendergestalt:

P. rh. = Poaerhiza, Krautwurzel.

P. st. = Poaestelechos, Krautstengel.

P. phy. = Poaephyllon, Krautblatt.

A. rh. = Anthorhiza, Blütenwurzel (Rezeptakulum ꝛc.)

A. st. = Anthostelechos, Blütenstengel, Pistill.

A. phy. = Antophyllon, Blütenblatt, Stamen.

Eben so verfährt man mit C und S.

Beyspiele.

P. phy. $\frac{\text{Menyanth. trif.}}{\text{. . . . .}}$ Salz aus dem Blatt des Fieberkleekrautes.

A. rh. $\frac{\text{Arnic. mont.}}{\text{........}}$ = Salz aus dem Fruchtboden ꝛc. (Blütenwurzel) der Wohlverleyblumen.

C. phy. $\frac{\text{Cucum. coloc.}}{\text{..........}}$ = Salz aus der Koloquintenfruchtschale.

S. phy. $\frac{\text{Hyosc. nigr.}}{\text{.........}}$ = Salz aus den Cotyledonen (Laub) des Bilsensamens.

§. 59.

Wir halten diese Beziehungsart für die einfachste, die nur möglich ist. Durch die Metamorphose der Pflanze ist sie vorbereitet worden — und jetzt möge der Leser, der uns ob der oben (Cap. II.) neugemachten Wörter vielleicht zürnte, Gelegenheit finden, sich wieder mit uns auszugleichen — indem wir hoffen, daß Er sich jetzt von der Nothwendigkeit, hier einen Gewaltstreich zu thun, und einzelne Benennungen (als rhiza, stelechos, phyllon) für alle Fälle als unabänderlich festzustellen, überzeugt haben wird. In welche Verirrungen würde man gerathen, wenn man hier die gebräuchlichen botanischen Kunstwörter gewählt hätte? Wie viele Ausdrücke giebt es nicht für die Wurzel und den Stengel des Krautes, für das Laub- und Stengelbedeutende der Frucht ꝛc.? Wohin würde also ihre Einführung in die stöchiologische Wissenschaft anders geführt haben als zu unzähligen Mißverständnissen? Davor sind zwar unsere Bezeichnungen auch nicht ganz geschützt, indem man noch bey vielen Systemen der Pflänzchen über ihre wahre Bedeutung zweifelhaft ist — hier möge sich der Forscher zusammen nehmen, die wahre Bedeutung zu geben und kann einstweilen, um Irrthümer zu vermeiden, den anderweitigen gebräuchlichen Namen mithinzufügen.

§. 60.

Aber das System besteht aus Organen, wenn man also von System- (Wurzel-, Stengel ꝛc.) Stoffen redet, so fragt es sich, aus welchem Organ sie stammen. Es sind also noch mehr ins Einzelne gehende Bezeichnungen nöthig. Die Organe der Krautwurzel und des Krautstengels sind Rinde, Bast und Holz (§. 13.); die des Krautlaubs Oberfläche, Unterfläche, Stiel (Cap. II. §. 60). Formell, botanisch sind diese Organe verschieden, darum müssen sie es auch stoffig seyn. Es wird also auch eine Bezeichnung für die diesen Organe durch die Analyse entnommenen Stoffe nöthig; und die Consequenz erheischt es, hier der einmal angenommenen Norm ferner nachzuhandeln und gleichfalls von griechischen Wörtern hergenommene Bezeichnungen in Vorschlag zu bringen. Nemlich

1. für Holz, lignum, xylon, abgekürzt zu xy;
2. für Bast, alburnum: biblos: abgekürzt zu bib.
3. für Rinde, cortex: phloios: abgekürzt zu phlo.

Beyspiele.

P. rh. xy. $\frac{\text{Quassia. excels.}}{\text{. . . . .}}$ heißt Salz aus dem Wurzelholze des Quassienkrautes.

P. st: bib. $\frac{\text{Chin. reg.}}{\text{. . . . .}}$ heißt Salz aus dem Stengelbast der China reg.

P. rh. phlo $\frac{\text{Atrop. bell.}}{\text{. . . . .}}$ heißt Belladonnawurzelrindensalz.

Anm. Man könnte xy. bib. phlo. zur Unterscheidung von rh. st. und phy mit kleinen griechischen Buchstaben schreiben, wenn sie nicht schon durch den dritten Platz, den sie einnehmen, genugsam unterschieden wären.

§. 61.

Für die Krautwurzel- und Kräutstengelorgane paßt diese Bezeichnung ganz vortrefflich, weil man sie wegen ihres von einander räumlich geschiedenen Seyns leicht isolirt darstellen und handhaben kann, weßhalb auch die bestimmten Namen für dieselben vorhanden sind. Sieht man nun aber die Organe des Laubs und der Systeme der andern Pflänzchen an, so kommt man wahrlich in nicht geringe Verlegenheit, wenn man sie genau bezeichnen soll und doch muß es geschehen, wenn man endlich einmal zur Stoffkenntniß aller Bildungstheile der Pflanze gelangen will. Was ist hier nun zu machen? Soll für jedes Organ eines jeglichen Systems (der Blüte, der Frucht und des Samens) ein neues Wort erfunden und eingeführt werden? Dazu können wir uns nicht verstehen, weil wir unserm Prinzipe untreu werdend, in große Noth gerathen würden, wenns wirklich ans Namenmachen ginge. Es giebt hier einen Ausweg. — Er besteht in der Verfolgung der Genesis der Organe, womit ihre Bedeutung und mit dieser der Name gegeben ist. Wir fanden bey der Darstellung des pflänzlichen Metamorphosenganges den Satz von der ewigen Wiederkehr (Wiederholung) des Alten im Neuen, des Vorhergehenden im Nachfolgenden so weit bestätigt als wir in unsern Untersuchungen vorwärts drangen. Die Systeme des Laubpflänzchens kehrten in Blüte, Frucht und Samen wieder auf eine diesen Pflänzchen entsprechende Weise.

Wenn aber diese Wiederkehr im Großen, in Bezug auf die Systeme statt hat, so muß sie auch im Kleinen (in den Organen) sich ereignen, weil das Große aus dem Kleinen (das System aus den Organen) besteht. Wenn daher das Wurzel- und Stengelsystem des Laubpflänzchens oder Krautes in der Blüte, in der Frucht und im Samen auf Blüten-, Frucht- und Samenpotenz sich repetirt, so muß dasselbe auch mit den Organen, Krautwurzel- und Krautstengelsystemen vor sich gehen, dergestalt, daß Holz, Bast und Rinde (oder vielmehr ihr Gleichbedeutendes) in jeglichem System der andern drey Pflänzchen sich wiederfinden und nachzuweisen sind. Mit welcher Nachweisung dann eine höchst einfache Bezeichnung aller dieser Organe und ihrer Stoffe sich von selbst ergiebt.

§. 62.

Zuvörderst ist der Werth und die polare Beziehung der Krautwurzel- und Krautstengelorgane: Rinde, Bast und Holz näher zu bestimmen, ehe die Deutung der andern beginnen darf. Unverkennbar wiederholen sie den Gegensatz, der in den drey Systemen des Kraut- oder Laubpflänzchens so anschaulich ist (Cap. II. §. 8—11.). Ein Organ tritt als Niederes, Wurzeliges, ein anderes als Höheres, Blättriges, und ein drittes als Vermittelndes, Stengeliges in dieser Sphäre wieder auf. Betrachten wir nun die Organe des Krautstengels hinsichtlich ihrer Funktionen und Beziehungen zur Außenwelt, so erscheint offenbar das Holz, das im Centralen, Finstern zurückgezogen, kaum noch Zeichen pflänzlicher Lebensthätigkeiten giebt, in Bezug auf die Rinde, die der Luft und dem Lichte hingegeben, den Laubcharakter nicht verkennen läßt, als das Niedere,

Wurzelige. Zwischen beyde stellt sich dann der Bast als das Vermittelnde, wodurch er sich die Stengelbedeutung erringt.

Anm. Kieser ist über den Rang dieser „innern Organe" anderer Meinung. „Der Holzkörper ist das Luft- und Lichtorgan der innern Pflanze" und der Rindenkörper ist das Erd- und Wasserorgan" sagt derselbe *), sich vorzüglich auf die phytotomische Untersuchung stützend, die den Holzkörper aus Spiralgefäßen und langgestreckten Zellen, den Rindenkörper aus Rindenzellen bestehend, nachweist. Dies ist allerdings ein wichtiger Grund, das Holz höher als die Rinde zu stellen. Allein was hat das Holz mit der Luft und dem Lichte zu thun? Diesen beyden ist offenbar die Rinde, wenigstens die des Stammes hingegeben, und insofern entspricht sie dem Laub, gleich diesem auch Luft- und Lichtstoffe (Farben, Gewürze, sogenannte Harze, ätherische Oele rc.) zeugend. Wir müssen daher dieser Analogie mit dem Blatte halber die Rinde höher als das Holz achten, zumal wenn die Rinde, was wahrscheinlich ist, auch athmet und das Holz nur einsaugt. Die Pflanzenchemie mag es bey der Phytotomie, die nicht ohne Grund die Spiralfaser als den edelsten Pflanzenbildungstheil ansieht, in Zukunft verantworten. —

§. 63.

Nun läßt sich die Bedeutung der Organe des Blattsystems des Laubpflänzchens geben. In seinem Niedersten wird der Wurzel- und Holzcharakter, in seinem Höhern die Laub- und Rindenfunktion wiederkehren. In seiner Unterfläche ist das erstere, in seiner Oberfläche das letztere verwirklicht. (Man denke hier an die entgegengesetzte Funktion beyder Flächen.) Der Blattstiel vermittelt durch seine rippigen Verzweigungen beyde Pole und ist daher das Stengelige und Ba-

*) Elemente der Phytonomie. I. Th. Jena 1815. p. 31. §. 107. und 108.

stige in dieser Sphäre *). Wegen der Bezeichnung der Stoffe aus den Blattorganen sind wir also schon außer Sorgen: man wählt dieselbe, die sie oben (§. 67.) für die Krautwurzel- und Krautstengelorganenstoffe gebraucht worden, mit Voransetzung des fürs Blattsystem schon in Anwendung gebrachten Ausdrucks: phy (phyllon.) Es wird daher bezeichnet:

1. die Blattunterfläche, wegen der ihr zukommenden Holzbedeutung mit phy. xy. (phyllo-xylon);
2. der Blattstiel, als das die Indifferenz vermittelnde Bastbedeutende mit phy. bib. (phyllo-biblos.) und endlich
3. die Blattoberfläche, das Rindige des Blatts mit phy. phlo. (phyllo-phloios).

Beyspiele.

P. phy. xy. $\frac{\text{Menyanth. trif.}}{\ldots\ldots\ldots\ldots}$ heißt Salz aus der Blattunterfläche des Fieberkleekrautes.

P. phy. phlo $\frac{\text{Datur. str.}}{\ldots\ldots\ldots}$; heißt Salz aus der Oberblattfläche des Stechapfelkrautes.

§. 64.

Der männliche Theil der Blüte, (Blütenlaubsystem, Stamen) scheidet sich ganz naturgemäß in drey Theile, sie sind 1) die Anthere, 2) der Staubfaden, 3) das Wurzelende des Staubfadens (die Be-

*) Dieses polare Verhalten der Blattorgane hat Kieser (Elemente der Phytonomie ꝛc. p. 34. §. 118.) schon früher gegeben, es so darstellend:

Blatt

Unterfläche Blattstengel Oberfläche

− −+ +

nennung hiefür fehlt). Wir betrachten sie als die Organe dieses Systems, über deren Rang kein Zweifel obwalten kann und somit auch nicht über ihre Bedeutung. Die Anthere ist das Höchste, sie entspricht dem Blatt des Laubpflänzchens und der Rinde des Wurzel- und Stengelsystems eben dieses Pflänzchens. Die Staubfadenwurzel, die sich in die Blütenwurzel (Rezeptakulum, Kelch oder Corolle) versenkt und also als der Träger und das Ernährende des ganzen Blütenlaubsystems erscheint, ist das Niederste und wiederholt das Wurzelige und Holzige auf dieser Stufe. Der Staubfaden vereinigt wiederum beyde wie der Krautstengel, Wurzel und Blatt, wie der Bast Holz und Rinde. Er hat also Bastbedeutung.

Der weibliche Blütentheil (Blütenstengelsystem, Pistillum) muß sich als das Vorbild des männlichen Theils, als das seine Entstehung vorbereitende, die pflänzlich-männliche Vollendung nicht erreicht habende System, gleichfalls dem Auge des Forschers als ein dreyorganiges enthüllen. Der untere Theil des Griffels — wofür man fälschlich immer den Fruchtknoten ansieht, der aber als „Fruchtknospe" (Cap. II. §. 24.) nichts mit den Organen des pflänzlich-weiblichen Systems zu schaffen hat — ist = der Staubfadenwurzel und theilt daher die gleiche Bedeutung mit dieser. Die Narbe ist der Gegensatz dieses Wurzel- und Holzbedeutenden; sie entfaltet sich = der Anthere der Luft und dem Lichte, ist daher das Höchste, das Blatt- und Rindenbedeutende unter den Organen des weiblichen Systems. Der Griffel übernimmt auch hier wie der Staubfaden Stengelfunktion und verschmäht die Bastbedeutung nicht.

§. 65.

Auf diese Deutungen gestützt, sind nun die Stoffe dieser Organe — an die doch auch einmal die Reihe kommen muß, analysirt und phytochemisch untersucht zu werden — leicht zu bezeichnen, indem man die oben (§. 60. u. 63.) gebrauchten Ausdrücke xy. bib. und phlo. auch hier wieder in Anwendung bringt und durch Voransetzen des das Pflänzchen und das System*) Bezeichnenden allen Forderungen genügt. Die Organe des männlichen Systems werden daher so bezeichnet:

1. das Holzbedeutende Organ (die Staubfadenwurzel mit A. phy. xy. (Antho-phyllo-xylon);
2. das Bastbedeutende Organ (der Staubfaden) mit A. phy. bib. (Antho-phyllo-biblos);
3. das Rindenbedeutende Organ (die Anthere) mit A. phy. phlo. (Antho-phyllo-phloios);

Die Organe des weiblichen Systems folgen mit Namhaftmachung der weiblichen Abstammung **) demselben Beyspiele:

1. das Holzbedeutende Organ (die Griffelwurzel): A. st. xy. (Antho-stelecho-xylon);
2. das Bastbedeutende Organ (der Griffel): A. st. bib. (Antho-stelecho-biblos);
3. das Rindenbedeutende (die Narbe): A. st. phlo. (Antho-stelecho-phloios).

§. 66.

Die Blütenwurzel hat uns wegen der Auffindung und Deutung ihrer Organe viele Mühe gemacht. End-

---

*) Man bemerke hier, daß früher (Cap. II. §. 14.) das männliche Blütensystem mit: Anthophyllon bezeichnet wurde.

**) Anthostelechos wurde oben das stengelbedeutende weibliche System genannt.

lich ist es uns klar geworden, daß Kelch- und Blumenblätter (Corolle) wesentlich zu derselben gehören und zwey ihrer Organe vorstellen, und daß das früher als Blütenwurzel aufgeführte Rezeptakulum (Cap. II. §. 14.) nicht die ganze Blütenwurzel, sondern nur ein Organ derselben ist. Die Deutung dieser Theile kann nicht schwer seyn, da hier die Gegensätze sich sehr klar auf plastische Weise ausgesprochen haben. Das Rezeptakulum und die Corolle sind der Form und den organischen Verrichtungen nach sich streng entgegengesetzt. Im Rezeptakulum waltet Stoff und Masse, es ist das Ernährende für die andern auf ihm wuchernden Organe und Systeme, und verbirgt sich im Finstern. Die Corolle, von ihm getragen wie die Narbe durch die Griffel-, die Anthere durch die Staubfadenwurzel (§. 64.) hat mit Form und Farbe eine höhere Ausbildung errungen und läßt nur noch aus ihrem organischen Zusammenhange mit dem Rezeptakulum, den meistens der Kelch, dieses indifferenziirende Glied beyder Pole, vermittelt, ihre ursprüngliche Beziehung erkennen. Das Blütenwurzelsystem bildet also ein eben solches Ganze wie alle andern Systeme, es hat wie diese drey Organe und theilt auch eine denselben gleiche Bedeutung. Es ist daher

1. das Rezeptakulum als das Niederste der ganzen Blütenwurzel, dasjenige Organ, das der Wurzel des Laubpflänzchens und dem holzigen Organ der Laubpflänzchensysteme entspricht. Die Bezeichnung für die Stoffe des Rezeptakulums ist also diese:

A. rh. xy. (Antho-rhizo-*) xylon);

*) Man erinnere sich, daß für die Blütenwurzel der Kunstausdruck Anthorhiza gegeben wurde (Cap. II. §. 14.)

2. die Corolle, das Organ, worin die Laub- und Rindenbedeutung auf Blütenwurzelpotenz wiederkehrt. Die Unterscheidung der Corollenstoffe kann daher auch nur eine ihrer Bedeutung entsprechende seyn; sie bekommen daher den Ausdruck:

A. rh. phlo. (Antho- rhizo- phloios);

3. der Kelch als Mittelglied, als das die Stengel- und Bastbedeutung habende; seine Stoffe zeichnen sich:

A. rh. bib. (Antho- rhizo- biblos.)

Beyspiele:

A. rh. phlo. $\frac{\text{Papav. somn.}}{\ldots\ldots\ldots}$; heißt Salz aus den Blumenblättern des Schlafmohns.

A. st. phlo. $\frac{\text{Lilii bulb.}}{\ldots\ldots\ldots}$; heißt Salz aus der Narbe der Feuerlilie.

A. phy. phlo. $\frac{\text{Solan. tuber.}}{\ldots\ldots\ldots}$; heißt Salz aus den Antheren der Erdtoffel.

§. 67.

Die Organe der Frucht- und Samensysteme fügen sich, weil letztere eine mit den Systemen der andern Pflänzchen gleiche Bedeutung theilen, denselben Gesetzen, indem auch in ihren organigen Zerfallungen ein Rindiges, Bastiges und Holziges wiederkehrt, so daß man ihre Stoffe eben so mit der von ihrer Bedeutung hergenommenen Benennung bezeichnen kann. Es findet daher auch hier das phlo. bib. und xy. seine Anwendung, nur, wie sich von selbst versteht, mit gleichzeitiger Bemerkung der fruchtigen oder samigen Abstammung durch die Zeichen: C und S (§. 56.)

Man möge uns aber für dieses Mal die specielle Anführung und Deutung der Frucht- und Samensystemorgane erlassen, da diese verwickelten Bildungen ein sehr emsiges Studium erfordern, ehe man es wagen darf, über sie zu entscheiden.

Anm. Ueber die Bezeichnung der den Geweben (Cap. II. §. 16 f.) eigenthümlichen Stoffe sagen wir hier nichts, indem noch manches Jahrzehend hingehen mag, ehe es möglich wird, die im isolirten Zustande zu analysiren.

§. 68.

Sehen wir nun am Schlusse dieser Abhandlung noch einmal auf das Vorhergegangene zurück, so drängten sich uns und vielleicht Jedem, der uns gefolgt ist, allerley Bedenken auf, die auf die Beantwortung der Frage dringen, wohin denn dies alles führen werde? Wir sind es unserer Wissenschaft, über deren Stand im Reiche der Naturkunde man durchaus noch nicht im Klaren ist, schuldig zu antworten. Dem Orykto-Chemiker mag bey solcher Erweiterung der Pflanzenchemie, die es sich als Gesetz vorschreibt, dem Stoffverhältniß eines jeden, noch so winzig scheinenden, Pflanzentheils nachzuspüren, allerdings etwas unheimlich zu Muthe werden, denn sie droht, ihn, der an der Last der Unendlichkeit der oryktochemischen Objekte (Mineralstoffverbindungen) schon so viel zu tragen hat, zu übermannen.

Man hat dies längst vorhergesehen, um aber das (wiewohl unrechtmäßiger Weise) betretene phytochemische Gebiet zu behaupten, wurde die Phytochemie zugestutzt und eingeengt auf eine Weise, wie sie der Oryktochemiker am besten handhaben zu können glaubte. Hier ist nun der Schlüssel zur Enträthselung der Ursache des jämmerlichen Zustandes der bisherigen Pflanzenchemie und eine künftige Geschichte derselben hat diese Momente der Verzögerung und Verhinderung ihrer Ausbildung vom phytochemischen Standpunkt aus, der den oryktochemischen Einfluß nur als den eines Usurpators und Unterdrückers ansehen kann, zu würdigen. Denn die Annahme von einer bestimmten Anzahl Stoffe, die durchs ganze Pflanzenreich gehen sollten wie bestimmte Mineralstoffe: Eisen, Kalk, Kiesel ꝛc. durch eine große Menge von Mineralien verbreitet sind, hat den narkotischen Stoff, den Bitterstoff, den scharfen Stoff ꝛc. in die Phytochemie eingeführt, was, da nach einer so oberflächlichen Charakteristik die Stoffe leicht als scharf, bitter ꝛc. zu unterscheiden waren, zu einer höchst einseitigen, ja man möchte sagen, gewissenlosen Bearbeitung der Pflanzen geführt hat. Vom Standpunkt der Oryktochemie aus läßt sich eine solche Behandlung der Phytochemie rechtfertigen, indem es derselben, wie jedem Eroberer darum zu thun war, das einmal Errungene unter seiner Botmäßigkeit zu behalten, was, um das phytochemische Gebiet übersehen zu können und um die phytochemischen Objekte nicht aus dem Auge zu verlieren, nur durch willkührlich gesteckte Gränzen und durch Einzwängung der noch so verschiedenen phytochemischen Bewohner in bestimmte willkührliche Abtheilungen möglich war. Nur auf solche Weise glaubte man im Stande zu seyn, neben der Oryktochemie auch die Phytochemie zu übersehen und zu bearbeiten. Aber das Unterdrücken und Einzwängen in willkührliche Formen dauert immer nur seine Zeit und so auch hier. Es ist die Zeit gekommen, wo die Pflanzenchemie das Joch abschüttelt, das sie seit ihrer Geburt getragen und als ein freyes, selbstständiges auftretend, sich der Oryktochemie als ein gleichwerthiger Pol gegenüber stellt. Hier ist also die Beantwortung der Frage, die uns oben in den Weg kam. Um dieses Frey- und Selbstständigwerden herbeyzuführen, mußte ihr ganzes inhaltschweres Gebiet und alle ihr zu Gebote stehenden Kräfte durchforscht und der Möglichkeit nach wenigstens, angeschaut werden, damit man erkenne, welch ein Reichthum, welch eine Fülle, und welch eine Kraft dieses phytochemische Reich aus sich zu entwickeln vermag, wenn es nur gehörig bebaut und einer weisen Regierung anvertraut wird. Nach solchen Geschichtspunkten wünschten wir sowohl dieses Capitel als die beyden frühern beurtheilt: sie sollen nur einigermaßen klar machen, welche Unendlichkeit sich hier darstellt, und wie verderblich der uneingeschränkte oryktochemische Einfluß war, der von alle diesem gar nichts ahnen ließ. Uebrigens bitten wir die Oryktochemiker, mit der Pflanzenchemie, ungeachtet dieser Opposition, in gutem Vernehmen zu bleiben. Sollte der Abfall Ihnen auch anfangs nicht recht behagen, so werden Sie sich doch beruhigen, wenn Sie auf andere Wissenschaften blickend, wahrnehmen, daß jede ihr Feld mit Freyheit und Selbstständigkeit behauptet, und wie es neben Oryktologen (Mineralogen), Botaniker und Zoologen giebt, so muß auch einmal die Zeit kommen, wo dem Oryktochemiker der Phytochemiker und der Zoochemiker gegenüber steht, denn ein Geist kann diese drey Gebiete unmöglich mit gleicher Energie umfassen.

Zugleich ergeht aber auch an die Phytochemiker durch alles Vorhergehende die ernste Anforderung, Hand ans Werk zu legen, um durch empirische Entdeckungen und Thatsachen die vorausgeeilte Idee wieder einzuholen und sie in das Gewand der Wissenschaft hüllend, zu bannen und zur Erscheinung zu bringen. Möge doch endlich einmal auch auf dem phytochemischen Gebiet das dem Menschen unwürdige Entdecken durch Zufall und von Ungefähr aufhören und möge man erkennen, daß das wahre, der Wissenschaft frommende Entdecken nur auf dem Wege des innern Selbstbewußtseyn, vermöge welchem das Zufindende schon im Voraus angeschaut wird, sich darstellen könne — dann fallen die Arbeiten weniger tagelöhnermäßig aus, und entsprossen auch umfassender, reichhaltiger dem deutschen Boden als es bisher der Fall war.

Schlußbemerkung.

Wir haben uns in der vorstehenden Abhandlung der geschichtlichen Zurückweisungen und der Critik des früher Geleisteten in Hinsicht auf die Beziehungen zwischen Form und Stoff gänzlich enthalten. Uns sind die hierauf sich beziehenden Arbeiten von Decandolle *), Wahlenberg **), Voig. ***) gar wohl bekannt, die aber, weil sie sich zunächst auf das Faktische beziehen, besser bey Versuchen gewürdigt werden, wozu sich auch Gelegenheit finden wird.

*) Decandolle Essai sur les propriétés medicales des plantes, comparées avec leurs formes exterieures et leur classification naturelle. Paris 1804.

**) Wahlenberg: de sedibus materiarum immediatarum in plantis tractatio. Upsalae 1807.

***) F. S. Voigt von der Uebereinstimmung des Stoffs mit dem Bau bey den Pflanzen ꝛc. Schweigger Journ. 17ter Band p. 191.

Viertes Capitel.

Zur Zerlegungsweise der Pflanzen.

§. 1.

Was früherhin (erste Liefer. Cap. III.) nur angedeutet wurde, mag jetzt zur größern Vollkommenheit dadurch gelangen, daß wir es ins Leben bringen und durch empirische Nachweisung verwirklichen. — Nachdem das polare Verhältniß der Pflanzenstoffe, ihr Zerfallen in Base und Säure, durch, wenn gleich unvollkommene, doch dem Zwecke hinlänglich entsprechende, Versuche (in der ersten Liefer.) dargethan worden und das stete Auftreten der beyden chemischen Pole in jeglichem Pflanzenstoff sich uns auch fernerhin in den glänzendsten Beyspielen so bewährte, daß wir diese für die ganze Pflanzenchemie so folgenreiche Ansicht als erwiesen annehmen können, so ist es nun jetzt an uns, weiter zu gehen und dem organischen Vorkommen beyder Pole weiter nachzuforschen. Wir wenden uns daher zu einer andern nicht minder wichtigen Frage, betreffend das ursprüngliche, natürliche Stoffverhältniß in den Pflanzen, ihr primäres Seyn (erste Liefer. p. 14.), auf deren Lösung allein eine richtige, naturgemäße Anwendung der Extraktionsmethode oder der Abscheidungsart der Stoffe aus den Pflanzentheilen durch die Lösungsmittel sich gründen kann. Wir kommen hier daher noch einmal auf die wichtige, nicht genug zu beleuchtende wahre Bedeutung der Lösung zurück.

§. 2.

Man hat bisher, gewohnt, in allen Dingen nur mechanisches und beziehungsloses Nebeneinander zu sehen, gemeynt, die Pflanzenstoffe lägen auch so neben einander und ohne Beziehung zu dem sie Enthaltenden in den Pflanzentheilen da, und darum sey die Wirkung der Lösungsmittel als ein mechanisches Wegnehmen, gleichsam Wegspülen der vorhandenen Stoffe anzusehen; als polare, auf chemischen Gegensatz beruhende Scheidung den Akt des Lösens zu betrachten, dazu konnte man sich eben so wenig erheben als zu der Idee, daß die Entstehung der Pflanzenstoffe in den Pflanzentheilen selbst, eine phytochemisch-polare sey. Da beyde Ansichten sich wechselseitig hervorrufen, so blieb mit der wahren Bedeutung der Lösung und ihres specifischen Verhältnisses auch die Art und Weise des natürlichen Stoffverhältnisses in den Pflanzen verborgen, und mit beyden das leitende Prinzip für den hier behufs der Analyse einzuschlagenden Weg. Hätte man auch im Lösungsmittel den Salzcharakter, der sich, wenn gleich auf die verschiedenste Weise, in jedwedem phytochemischen Faktor ausspricht, erkannt, und in seiner Wirkung auf das Zulösende die Gleichheit mit dem Aufeinanderwirken zweyer als Base und Säure anerkannten chemischen Pole nicht verkannt, so würde man auch das Produkt: die Lösung, als ein Salzartiges erfaßt haben und die vollkommnere, naturgemäßere Extraktionsmethode der Pflanzenstoffe wäre gefunden und begriffen gewesen. Leider geschah dies, huldigend mechanisch-atomistischen Ansichten, die nur wiederum Atomistisches zeugen können, nicht, und es wurde die Lösung als eine Nichtdurchdringung chemischer

scher Pole, also als ein beziehungsloses Nebeneinander zum Unterschied von der Auflösung, die man als solche Durchdringung ansah, bezeichnet. Schon oben haben wir dieser unrichtigen, viel zu beschränkten Ansicht nach Kräften uns widersetzt, und der Lösung wie dem Lösungsmittel diesen ihnen von Rechtswegen zukommenden Salzwerth zu erringen gesucht (vergl. III. Cap. §. 40 f.) und müssen darauf zurückweisen, uns hier den Folgerungen aus denselben, über die Art des Vorhandenseyns der Pflanzenstoffe und über die darauf zu gründende naturgemäße Weise sie herauszufördern, überlassend.

§. 3.

Die Wirkung der Lösungsmittel ist eine specifische. Aether *), Alkohol und Wasser, jedes von diesen dreyen eignet sich andere Stoffe aus den Pflanzentheilen an. Schon diese Specifizität, die alles Mechanische ausschließt, deutet darauf hin, daß der Lösungsakt selbst ein chemisch-polarer sey und daß die Extraktion der Stoffe, wie alles im chemischen Gebiet, eine Verwandtschaftsgesetzen unterworfene Operation seyn müsse. Aber diese Gesetze sollen erst gefunden und nachgewiesen werden — und werden es, sobald man nur unbefangen und mit weniger mechanischen Ansichten die Erscheinungen bey der Lösung ansieht.

§. 4.

Die Fundamentaltheile der Phytotomie, die Gewebe (Zelle, Spirale 2c.) sind auch die Anfangspunkte für den Phytochemiker. Mit ihnen mu' er, wenn auch fürs erste nur in der spekulativen Betrachtung beginnen, wenn man Rechenschaft über sein Extraktionsver-

*) Aether bedeutet immer Schwefeläther.

fahren von ihm fordert. — Behandelt man irgend einen Pflanzentheil mit den drey Lösungsmitteln, so wird ein sehr beträchtlicher Theil von denselben aufgenommen (ausgezogen), aber ein eben so beträchtlicher bleibt als sogenannte Faser ꝛc. zurück. Diese Faser hat man in Bezug auf den Lösungsprozeß ganz verkannt, und ihre Bedeutung für die Theorie des Lösens nicht geahnet. Die Faser ꝛc. ist aber das für den Lösungs=, was der Koth für den Dauungsaft, nicht ein indifferent und todt Zurückbleibendes, sondern ein Produkt. Die Faser ꝛc. ist nicht das, was die Lösungsmittel ungelöst liegen lassen, also gleichsam umgehen, sondern das von denselben durch Wahlverwandtschaft Abgeschiedene, Ausgestoßene; eben weil beyde Theile, das Gelöste und Ungelöste (die Stoffe und die Faser ꝛc.) in dem behandelten Pflanzentheil ursprünglich als Einheit innig verbunden, betrachtet werden müssen. Die Zellwände eines Pflanzenorgans haben keinen willkührlichen oder zufälligen Inhalt, sondern einen bey ihrer Entstehung durch die Wände selbst geforderten, durch sie bedingten; und umgekehrt ist, weil alles wechselseitig gilt, die Zellwand abhängig von ihrem Inhalt, ein durch ihn Bestimmtes. Wenn nun ein Lösungsmittel auf den Zellinhalt wirkt und diesen in sich aufzunehmen strebt, so muß es nothwendig, wegen des genetischen Zusammenhangs desselben mit der Zelle, auch auf diese einwirken, um den Einfluß, den dieselbe auf ihren Inhalt übt, aufzuheben, gerade so, wie wenn eine Säure der andern die Base nehmen will, sie nicht blos auf die anzueignende Base, sondern auch auf die Säure einwirken, sie abstoßen muß, die diese Base an sich hält.

Das Lösen des Zellinhalts wird daher nur durch gleichzeitiges Abscheiden und Austreiben des Gegensatzes, der Zellwand möglich wie bey Zerlegung jeder andern chemischen Verbindung. Noch klarer und anschaulicher kehrt dasselbe bey der Zellfaser wieder, die in ihrem Vorkommen an der Peripherie der Pflanze meistens in schönen Farben erscheint. Die Farbstoffe stehen nun gleichfalls mit der Faser in genetischer Bezeichnung und stellen mit ihr Verbindungen dar, deren Wesen nur durch die Namhaftmachung derselben als Pflanzensalze bezeichnet werden kann. Dies bestätigt sich auch gleich bey näherer Betrachtung ihres chemischen Verhaltens. Aus einer gefärbten Pflanzenfaser kann man nur mit Wasser, aus der andern nur mit Alkohol, aus der dritten nur mit Säure oder Laugen die Farbe herausziehen, die einmal ausgezogen, sich nun nicht selten in den Mitteln löst, die zu ihrer Extraktion unfähig waren. So lösen sich viele, nur durch Säuren oder Laugen abscheidbare Farbstoffe, einmal abgeschieden und von der Säure oder der Lauge befreyt, auch im Wasser, Alkohol ꝛc., was früher nicht anging. Diese Thatsachen, die sich jedem Experimentator ohne Weiteres ergeben, zeugen nun offenbar von dem wichtigen Einfluß der (unlösbaren) Faser auf den (lösbaren) Farbstoff.

In Fällen, wo nur Säuren oder Laugen die Farbe abscheiden, ist die Verwandtschaft (die wechselseitige Einwirkung) zwischen Faser und Farbe größer als die der Farbe zu Wasser oder Alkohol, so daß letztere die Faser nicht austreiben und sich mit der Farbe nicht verbinden können; ist aber durch Säure oder Lauge (differentere chemische Faktoren) die Faser-, Farbverbindung erst zerlegt, dann üben Alkohol und Wasser ihren Einfluß auf die Farbe (lösen sie), weil die ihnen früher entgegengesetzt gewesene Faser nun entfernt ist. — Dasselbe gilt nun auch von allen übrigen (ungefärbten) Pflanzenstoffverbindungen. Wer erkennt nicht, daß mit diesem wenigen zugleich die ganze Theorie der Färberey ausgesprochen ist, indem der Färber nichts weiter thut, als daß er von den Lösungsmitteln ꝛc. unzerlegbare (in ihnen unlösliche, also „ächte) gefärbte Pflanzen- und Thierfasersalze bildet. Die gekrappte Leinwand ist daher ein Salz im strengsten Sinne des Wortes, erzeugt durch Wahlverwandschaft: die Flachsfaser stößt, sich färbend, die Krappfaser ab, die entfärbt, aus ihrer ursprünglichen Verbindung mit der Krappfarbe, ausgeschieden wird. So findet auch hier nur ein Austausch statt, der durch Beizen (andere Salze) mannigfaltig unterstützt und modifizirt wird. (Vergl. Cap. V. Curcuma- und Rhabarberfarbe.)

§. 5.

Hienach ist nun jeder zu extrahirende Pflanzentheil zu betrachten als eine Aggregation verschiedener Zell-, Spiral- ꝛc. Fasersalze, die alle, um zerlegt, d. i. extrahirt zu werden, ihre specifischen Faktoren forbern. Dort weicht die Faser nur dem Wasser, hier auch dem Alkohol, und jene Verbindung läßt sich außer durch diese beyde auch durch Aether zerlegen — oder was damit gleichzeitig gegeben ist, ist dieser Stoff nur allein bezwingbar durch Wasser, jener unterwirft sich neben dem Wasser auch dem Alkohol, und endlich fügt sich ein dritter allen dreyen, nemlich auch dem Aether. — Auf dies specifische Verhältniß, wozu die Thatsachen sich dem Analytiker von selbst aufdrängen, ist nun der größte Werth zu legen, und weil es für die Analyse nicht genug ist, die Stoffe aus ihrer natürlichen Verbindung von den Geweben zu scheiden, sondern man sie auch nothwendig von einander getrennt zu erhalten suchen muß, so ergiebt sich hieraus folgende behufs der Extraktion zu erfüllende Forderung, nemlich: dasjenige Extraktions- oder Lösungsmittel zuerst anzuwenden, das am wenigsten chemisch different ist, also die geringste Menge an natürlichen zerlegt'(Pflanzenstoffverbindungen). Gesetzt die Zellstoffe, die Spiralstoffe und die Gangstoffe eines gegebenen Pflanzenorgans seyen mit Wasser, die Zell- und Spiralstoffe, aber nicht die Gangstoffe, auch mit Alkohol, und endlich blos die Zellstoffe mit Aether ausziehbar, so ergiebt sich, wenn man der Hauptforderung der chemischen Analyse: die Stoffe von einander geschieden (rein) darzustellen, nachkommen will, und das anatomische Präpariren der Zellen, Spiralen ꝛc. sich nicht anwenden läßt, die einfache Regel, den Pflanzentheil erst mit Aether, dann mit Alkohol und endlich mit Wasser zu behandeln. Der Aether nimmt dann nach der Voraussetzung den Zellstoff in sich, der ihm folgende Alkohol findet nur noch den Spiralstoff, und endlich bleibt dem Wasser nichts als den Gangstoff zu lösen, übrig. Wie thörigt würde es im Gegentheil gewesen seyn, wenn man in diesem Fall gleich anfangs Wasser angewandt und mit demselben extrahirt hätte. Es würden alle drey Stoffe, die man auf die obige Weise getrennt erhielt, zusammen aufgenommen, und ihrer nachherigen Scheidung durch Aether und Alkohol unendliche Schwierigkeiten dadurch in den Weg gelegt haben, daß es durch das gemeinschaftliche Lösen ihr gegenseitiges Aufeinanderwirken, das sie als Salze unläugbar üben, begünstigt, ja eigentlich nur durch sein Dazwischenkommen möglich macht. Dieses Extraktionsverfahren, das in den bey weitem meisten frühern Analysen befolgt wurde, hat die Ansicht vom sogenannten „Extraktivstoff" mit hervorgerufen und sein oxydables Verhalten scheinbar durch Thatsachen bestätigt. Man ahnete im Pflanzenreich, weil man sich überhaupt nicht zur Salzidee erhob, nichts von sogenannten Doppelsalzen, Tripelsalzen ꝛc., die in diesen Fällen durch gegenseitige Einwirkung gebildet und durch die andern Lösungsmittel (Aether, Alkohol) nicht ganz zerlegt werden, obwohl sich Thatsachen genug ergaben, die gehörig erkannt, wohl zu dieser Einsicht hätten führen können, denn Caspar Neumann's Extractum primum und secundum, und die Erscheinungen der sogenannten aneignenden Verwandtschaft der Neuern, sind (wie sich das bey der Widerlegung des sogenannten Extraktivstoffs zeigen wird) Resultate des gegenseitigen Aufeinanderwirkens der Pflanzensalze, die einmal durch das Lösungsvehikel mit einander in Contakt gebracht, sich verbinden und nur schwer zu scheiden sind.

Anm. Ein auffallendes Beyspiel giebt hier die China regia. Ein wässeriges Infusum oder eine mit 70—80° Weingeist bereitete Tinktur, läßt bey wiederholtem Verdampfen und Wiederlösen in Wasser stets eine beträchtliche Menge eines braunen, in Wasser unlöslichen Stoffs zurück. Erscheinungen, die man einer Oxydirung während des Verdampfens zugeschrieben hat, allein in Wahrheit nichts weiter sind als eine successive vor sich gehende Zerlegung zweyer mit einander verbundener Chinasalze, von denen das eine für sich im Wasser unlöslich ist. Denn es zeigen sich diese Erscheinungen beym Verdunsten und Lösen nicht, wenn man die China gleich anfangs mit einem Gemisch von Aether und Alkohol zu gleichen Theilen auszieht, oder zur concentrirten weingeistigen (70—80°) Chinatinktur Aether setzt, der im letztern Fall eine große Menge eines braunen Stoffs fällt. Die ätherische, weingelbe, überstehende Flüssigkeit hinterläßt nun nach dem Verdunsten einen gelben Rückstand aus dem Wasser das leichtlösliche bittre Chinasalz (erster Klasse) aufnimmt, das (wegen Entfernung des braunen Stoffs durch Aetherzusatz) sich nach dem Verdunsten immer wieder klar im Wasser löst, ohne daß sich etwas dem frühern Aehnliches abscheidet.

Dies alles wird nun vermieden durch die primäre Anwendung des Aethers, durch die dann folgende des Alkohols und durch die Anwendung des Wassers zuletzt, indem es sich im Allgemeinen wirklich so verhält, daß Aether die geringste, Wasser die größte und Alkohol etwa die Mittelanzahl pflänzlicher Stoffe extrahirt, so, daß man mittelst dieser Aufeinanderfolge, mit Berücksichtigung der für jeden Fall nothwendigen Modifikationen, betreffend hauptsächlich das quantitative Verhältniß der Lösbarkeit, zweyerley auf einmal erreicht, nemlich Scheidung der Stoffe von den Pflanzengeweben und das Getrennterhalten der Stoffe von einander, und man des höchst schwierigen und langweiligen Ausziehens und Aussüßens des wässerigen Extrakts mit Aether und Alkohol gänzlich überhoben ist.

§. 6.

Der Werth des Aethers für den hydrochemischen oder Extraktionstheil der Analyse ist nicht so erkannt, wie es sollte. Man hat demselben, meistens nur seine Lösungsfähigkeit nach seinem Verhalten gegen das wässerige oder weingeistige Extrakt beurtheilend, keine große Extraktionskraft zugeschrieben, und ihn wegen seiner

Flüchtigkeit und des damit verbundenen Verlustes an Aether viel seltner in Anwendung gebracht als den Alkohol und das Wasser, und sich daher in vielen Fällen darauf beschränkte, sein Verhalten gegen die alkoholischen, weingeistigen und wässerigen Lösungsprodukte zu prüfen, wobey sich dann meistentheils ergab, daß sie vom Aether nicht merklich angegriffen wurden, namentlich war dies beym bittern und andern sogenannten Extraktivstoffen der Fall, die nebst dem sogenannten Gerbstoffe in allen Handbüchern als in Aether unlöslich aufgeführt werden. Wir haben diese Angaben über das Verhalten des Aether richtig und falsch gefunden, je nachdem wir diesen oder jenen Weg einschlugen, sie zu prüfen. Einige Beyspiele werden es am besten erläutern. Uebergießt man möglichst trocknes, aber noch in Klümpchen zusammenhängendes, mit kaltem Wasser bereitetes Tormentillenextrakt mit (nicht einmal ganz entwässertem und entalkoholisirtem) Aether, so kann derselbe damit Tage- und Wochenlang in Berührung bleiben, ohne daß etwas geschieht, was auf eine Aethereinwirkung hindeutete: die Klümpchen bleiben zusammenhängend, der Aether färbt sich nicht, und nach dem Verdampfen desselben zeigt sich nur eine geringe Spur vom gelöst gewesenen Gerbsalze aus der Tormentilla. Zerreibt man aber dasselbe Extrakt unter Zusatz von etwas Alkohol (um das Zertheilen zu erleichtern) mit gepulvertem Schwerspath *) und trocknet dieses Pulver stark aus (was auf diese Weise ohne zu befürchtende

*) Daß der Schwerspat ausgewaschen und ausgekocht seyn muß, versteht sich von selbst — übrigens kann man auch Glaspulver ꝛc. nehmen. —

Zersetzung leicht geschieht) und schüttelt es nun mit dem nemlichen Aether, so bekommt man eine gelblich gefärbte, ätherische Lösung des gerbenden Tormentillsalzes. Die Erklärung ist leicht: es werden vermöge des letztern Verfahrens der Aethereinwirkung zwey günstige Umstände: einmal größere Fläche, und dann größere Trockenheit des zu Lösenden geboten, was ohne Beymengung eines indifferenten Pulvers bey vielen wässerigen Extrakten gar nicht, bey manchen nur sehr schwierig erreicht wird. Bey mehreren sogenannten Gerbstoff und sogenannten Extrativstoff enthaltenden Extrakten haben wir mehr oder minder auffallend etwas diesem Aehnliches wahrgenommen. Der Einfluß des nicht völlig Trockenseyns der wässerigen Extrakte auf die Lösungskraft des Aethers, zeigt sich auch in den Fällen, wo an sich in Aether lösliche Pflanzensalze eine größere Verwandtschaft zum Wasser als zum Aether haben, so daß das Zugegenseyn des Wassers die Aethereinwirkung wenn nicht ganz aufhebt, doch schwächt, woher es denn oft möglich wird, eine ätherische Pflanzensalzlösung durch bloßes Schütteln mit Wasser in eine wässerige zu verwandeln, so daß der Aether entblößt von seinem früher Gelösten farblos oben aufschwimmt und nach dem Verdunsten nur noch geringe Spuren von dem Salze hinterläßt.

Um aus dem wässerigen Pflanzenextrakt die in Aether und Alkohol löslichen Salze zweckmäßiger zu scheiden, war hiemit also ein Verfahren ausgemittelt, das Anwendung verdiente, allein die Betrachtung, daß ein solches Extrakt doch im Grunde ein künstliches, durch gegenseitige Einwirkung der selbander im Wasser gelösten Salze, verändertes sey und hier eine, ursprünglich nicht existirende, Verbindung derselben höchst wahrscheinlich entstehe, bestimmte uns bald auch diesen Weg zu verlassen und den oben (§. 5.) angedeuteten zu verfolgen, nach welchem die feingepulverten Pflanzentheile successive mit Aether, Alkohol und Wasser behandelt und erschöpft wurden, wobey uns dann eine deutsche, für den Technizismus dieser Operation sehr zweckmäßige Erfindung, nemlich die Rommershausensche Luftpresse, äußerst wichtig, ja unentbehrlich wurde. Allein so wie sie uns von dem Erfinder und den nachherigen Verbesserern derselben überliefert worden, konnte sie noch keine Anwendung finden, sie mußte noch mancherley Veränderungen erfahren, ehe sie dem Zwecke ganz entsprach, wie wir das sogleich durch Wort und Zeichnung verdeutlichen werden.

Verbesserte Luftpresse behufs pflänzlicher Extraktionen.

§. 7.

Dreyerley ist beym Extrahiren der Pflanzentheile mit den Lösungsmitteln vorzugsweise zu berücksichtigen:

1. schnelle Beendigung des Prozesses;
2. möglichste Erschöpfung des zu Extrahirenden und Verhütung aller Verluste, die namentlich beym Anwenden der gewöhnlichen Filter unvermeidlich sind und
3. Verhütung des Verdunstens des Lösungsmittels, besonders des Aethers.

Keine Vorrichtung entspricht diesen drey Forderungen besser als die Luftpresse, sie überhebt den Chemiker des langweiligen Digerirens, Filtrirens etc., und stellt es seiner Willkühr anheim, wie schnell oder spät er seine Operationen vollenden will, sie leistete also alles, was man nur verlangen kann, wenn — sie nicht von Metall wäre. Die Anwendung aller Metalle ist bey phytochemischen Analysen ohne Ausnahme zu vermeiden, indem sie, auch selbst in solchen Fällen, wo sie nicht materialiter in die Pflanzenstoffe mit eingehen (sich lösen), doch polare (galvanische) Spannungen setzen und zu Schimmelbildungen und andern Entmischungen disponiren. Glas und Porzellan bleiben daher, als mehr indifferente Körper, das Hauptmaterial zur Verfertigung phytochemischer Apparate. Die gewöhnliche, aus Zinn, verzinntem Eisenblech oder verzinntem Messing gefertigte, Luftpresse konnte daher keine unbedingte Anwendung finden, sondern es galt, sie aus Glas oder Porzellan zu construiren, wobey uns die sehr zweckmäßigen Verbesserungen von Döbereiner und Semmelbauer*) — nach welchen die Luft durch eine oben angebrachte Compressionspumpe in den Extraktionscylinder hineingepumpt wird, also der anzuwendende Druck vieler Atmosphären dem Chemiker zu Gebote steht — so trefflich zu statten kamen, daß der Metallcylinder nur mit einem Glas- oder Porzellankegel (Trichter) zu vertauschen war, um die verlangte Vorrichtung zu erhalten, die in mehrfacher Gestalt Tafel IV. dargestellt ist.

Fig. I. ist ein solcher Apparat im Ganzen.

A: die Compressionspumpe; G. ein Hahn zum Zudrehen, wenn das Blasenventil nicht mehr dicht hält.

---

*) Schrader: in den Berlinischen Nachrichten No. 9. den 21. Jan. 1819. Berlin bey Haude und Spener.

D: der Glaskegel (mit an der Spitze befindlicher Oeffnung zum Ausfließen);

B: ihre metallene Einfassung;

C: das die Pumpe und den Extraktionskegel verbindende Mittelstück. F. ein, die Oeffnung zum Nachgießen verschließender Zapfen;

E: das zu extrahirende Material.

Fig. 2. zeigt dieselbe Vorrichtung, nur auseinandergenommen und in anderer Form.

C ist ein Trichter aus Porzellan oder aus Berliner Sanitätsgut, der in B, einer Metallfassung, eingekittet ist, und durch A mit der Compressionspumpe verbunden wird;

D ist die auszuziehende Pflanzensubstanz und

B die Oeffnung zum Nachgießen des Lösungsmittels.

Fig. 3. ist wieder dem Wesentlichen nach ganz dieselbe Vorrichtung, nur ganz im Kleinen, zum schnellen Filtriren kleiner Mengen Flüssigkeit;

B ist eine kleine Glasröhre (unten mit einer Oeffnung);

C ihre Metalleinfassung und

A ein Cylinder zur Verbindung von C mit der Pumpe (er hat die Größe wegen des Anfassens beym luftdichten Zusammenschrauben.)

Fig. 4. ist nur eine andere Form des Porzellantrichters mit stumpferer Zuspitzung und mit mehreren Oeffnungen (B); das A-Ende ist etwas dicker wegen der zu befestigenden Metalleinfassung. Dient vorzüglich zur schnellen Filtration sehr voluminöser Niederschläge.

Die Metalleinfassungen sind am zweckmäßigsten von Messing, denen man dem Aeußern nach eine vier- oder achteckige Form geben läßt, einmal wegen der leichtern Befestigung in dem hölzernen Stativ (Tisch), und zweytens wegen des zum luftdichten Zusammenschraubens nöthigen Anlegens des Schraubschlüssels.

Das Einkitten der Glasröhren (statt deren man sich auch unten durchbohrter, fußloser Champagnergläser oder verjüngter Kolben- und Retortenhälse bedienen kann) erfordert einige Vorsicht, indem sie gar leicht da zerspringen, wo sie mit dem Metall in Berührung kommen. Um dies zu verhüten, umleimt man das obere Ende (das zur Verhütung jeder Verunreinigung mit einem übergreifenden Rand versehen ist) mit Leinwandstreifen und kittet dann die Röhre, nachdem dieser Beschlag völlig getrocknet ist, mit Siegellack in die durch kochendes Wasser erwärmte Metallfassung. Den Porzellantrichter kittet man ohne weiteres mit Siegellack in die Metallfassung ein, aber auch er muß oben einen Rand haben, womit er etwas übergreift, um so viel wie möglich den Kitt zu bedecken, der durch Aether- und Alkoholdunst erreicht, sonst leicht herabfließen könnte. Letzteres ist auch dadurch zu verhüten, daß man die Fuge, wo oben der Kitt zu Tage kommt, mit Gummi mimos. oder Leim überzieht.

Zum luftdichten Verschließen beym Zusammenschrauben des Apparats dient Leder, mit Fett und Wachs getränkt. Letzteres ist jedoch beym Extrahiren mit Aether, der durch seinen Dunst das Fett löst und sich so einen Ausweg verschafft, nicht anwendbar, man muß in diesem Fall mit Wasser getränkte Lederscheiben zwischen legen.

Was nun das Einstampfen des zu extrahirenden Pflanzenstoffs (der stets fein gepulvert oder mit einem indifferenten, unlöslichen Pulver von Schwerspath gemengt seyn muß) in den Extraktionskegel betrifft, so ist es bey unserer Vorrichtung dadurch sehr erleichtert, daß die Einbringung von oben geschieht. Die Oeffnung, womit die Spitze des Trichters endigt, wird mit durch Säuren und Laugen gereinigte Baumwolle verstopft und dann nach und nach Pflanzenpulver eingebracht und mit einem starken Glas- oder Porzellanstab festgestampft. Da der Stoff nicht trocken, sondern mit seinem Extraktionsmittel durchfeuchtet, eingestampft werden muß, so muß dies Anfeuchten, da wo mit Aether zuerst extrahirt wird, im Trichter selbst nach und nach geschehen, dergestalt, daß man erst etwas trocknes Pulver einstampft, dann etwas Aether eingießt, hierauf schnell Pulver nachschüttet, diesem von Aether durchdrungen und festgestampft, eine neue Portion Aether und Pulver folgen läßt und so fort. Hiebey geht wenig Aether verloren, wenn man nur etwas schnell zu Werke geht. Glasröhren lassen sich beym Einstampfen nicht viel bieten, ihre Anwendung findet daher da, wo das Extrahiren aufs Höchste getrieben werden soll, nicht mehr statt, und dann leistet Porzellan bis auf eine bestimmte Gränze, die der Pflanzenanalytiker nicht zu überschreiten braucht, sehr viel. Um in solche das zu extrahirende Material mit mehr Schonung für die Fassung desselben im Metall einzustampfen, läßt man sich in Holzklötzen solche Oeffnungen drechseln, die gerade so groß sind, die Trichter beym Zwischenlegen von etwas Tuch aufzunehmen, diese Vorrichtung gewährt ihnen von allen Seiten Halt und man kann freyer operiren *).

Da das Extrahiren mit diesen hier beschriebenen Vorrichtungen im Grunde auch ein Filtriren ist, so ist damit zugleich ein sehr einfacher, zweckmäßiger Filtrirapparat gegeben; dessen Tugenden etwa diese seyn möchten:

1. es kann nichts verdunsten, was bey Alkohol und Aetherfiltrationen sehr wichtig ist;
2. man entbehrt ganz des so schwer rein zu erhaltenden Filtrirpapiers, indem man ein wenig mit Laugen und Säuren gereinigte Baumwolle in die Oeffnung der Röhre steckt;
3. ist kein Verlust beym Filtriren, der bey den Filtrationen durch Papier unvermeidlich ist, wo vermöge des Adhärismus sich eine große Menge des durchzufiltrirenden Stoffs in den obern Rand des Filters zieht — hier aber, wo ½ Gran Baumwolle hinreicht, die untere Oeffnung zu verschließen, fällt auch das langweilige Aussüßen der Filter ganz weg;
4. Zeitersparung — wozu sonst Tage gehörten, daß kann jetzt in wenigen Stunden geschehen. Der Trichter Fig. 4. ist bey großen Mengen des Niederschlags ꝛc. sehr brauchbar;
5. Möglichkeit, die kleinsten Mengen zu filtriren. Eine ½ Drachme Flüssigkeit bleibt größtentheils in einem gewöhnlichen Papierfilter hängen.

---

*) Der Herr Mechanikus Köpke in der Spandauerstraße No. 58. fertigt diese hier beschriebenen Vorrichtungen nach unserer Angabe zur größten Zufriedenheit und zu billigen Preisen.

Die Vorrichtung Fig. 3. hilft diesem Uebel vollkommen ab, man kann sich Röhren von den verschiedensten Größen vorräthig halten. Endlich 6. ist dieser Apparat bey quantitativen Analysen unentbehrlich. Einmal eingestampft, bleibt die zu extrahirende Pflanzensubstanz, während der successiven Anwendung aller nur möglichen Lösungsmittel stets unangerührt auf der alten Stelle, und es kann gar nichts von demselben verloren gehen, was beym gewöhnlichen Digeriren, Dekantiren und Einbringen in andere Gefäße ꝛc. unvermeidlich ist.

Wir sind jetzt beschäftigt, uns zur Bestimmung des quantitativen Verhältnisses von der Base und der Säure in den Pflanzensalzen 1ter Klasse, eine Vorrichtung zu construiren, die Präcipitationsgefäß, Filter, Abrauchschale (zum Trocknen des Niederschlags) und Tiegel (zum Glühen des Niederschlags) zugleich ist, so daß diese vier verschiedenen Operationen in einem und demselben Behältniß vorgenommen werden, wodurch die höchste Genauigkeit und die Verhütung aller Verluste zu erreichen ist. Diese Vorrichtung ist nach Umständen von Porzellan, Silber, Kupfer, Platina zu fertigen, und liegt, wie das Jeder leicht gewahr wird, schon in den oben beschriebenen Apparaten, so daß man nur eine zweckmäßige, den Forderungen des Präcipitirens, Filtrirens, Abdampfens und Glühens entsprechende Formänderung des Extraktionskegels vorzunehmen braucht, um den Zweck zu erreichen. Eine Hauptsache ist hier aber, wo es aufs Quantum ankommt und daher der ganze Filtrir- ꝛc. Apparat auf die Wagschale gelegt werden muß, größte Leichtigkeit, aus welchem Grunde die Einkittung des Kegels in die Metallfassung hier keine Anwendung findet, sondern derselbe so befestigt werden muß, damit er jederzeit leicht herauszunehmen ist, eine Bedingung, die durch Einschmirgeln, Rauhschleifen der Flächen, Zwischenbringen von nassem oder gefettetem Leder rc. zu erfüllen ist. Künftig mehr von diesem wasser- und feuerbeständigen und noch vielen andern Gewalten trotzenden Filtrum. —

§. 8.

Mittelst dieses Apparats wird nun eine ausgedehntere und allgemeinere Anwendung des Aethers beym Analysiren möglich als es bisher der Fall war, auch wird das Extraktionsvermögen des Aethers mit der Beschränkung seiner Expansibilität durch den heftigen Druck sehr erhöhet. Die Wichtigkeit, ja Unentbehrlichkeit seiner Anwendung zur Darstellung der natürlichen Pflanzensalze kann erst bey der Beschreibung der Analysen selbst ganz klar werden, die zur Widerlegung der Annahme eines sogenannten Extraktivstoffs unternommen wurden, und uns unter andern das merkwürdige, in seinem ganzen Umfange noch nicht ganz klare Resultat gaben, daß die meisten vorwaltend dynamisch-wirksamen Pflanzensalze, z. B. die bittern, scharfen, narkotischen rc. durch Extrahiren mit Aether darzustellen sind, wenn man den Pflanzentheil gleich anfangs mit Aether im Extraktionsapparat behandelt, und daß diese Salze zugleich in Alkohol und Wasser sich lösend, auf solche Art als Salze 1ter Klasse (Cap. III. §. 46.) mit dem, rücksichtlich der dynamischen Wirkung den Hauptbestandtheil der Pflanze ausmachenden Salze zusammenfallen, so daß man in vielen Fällen aus der Lösbarkeit eines Pflanzensalzes in den drey

Lösungsmitteln auf seinen medizinischen Werth schließen könnte, wenn sich dies Lösungsverhältniß ferner bewähren wollte, woraus man zugleich ersieht, wie fehlerhaft das Verfahren einiger französischen Chemiker ist, die Pflanzentheile vor der eigentlichen Analyse zur Befreyung des ätherischen Oehls, Fettes ꝛc. mit Aether zu digeriren: der Aether löst auch in diesen Fällen (ohne Anwendung der Luftpresse) eine bedeutende Menge des wirksamen Pflanzensalzes, was meistens diesen Analytikern verloren ging. —

Da die Aetherverdunstung im Luftzuge freywillig beym Destilliren mit sehr geringer Wärme vor sich geht, so ist es sehr wahrscheinlich, daß man die durch denselben extrahirten Pflanzensalze im natürlichen, unveränderten Zustande erhält, was beym primären Extrahiren mit Wasser ꝛc. und Digeriren des Extrakts mit Aether, wegen der nothwendig anzuwendenden, stärkern Verdunstungswärme behufs der Extractbereitung keinesweges der Fall ist.

§. 9.

Wenn man es nun genau besieht, so ist die ganze, hier angedeutete Verfahrungsart zur reinen Darstellung der natürlichen Pflanzensalze, doch im Grunde nur ein Nothbehelf wegen des geringen Beystandes, den die Pflanzenanatomie bis dahin nur noch der Pflanzenchemie leisten kann. Wäre es ersterer möglich, die Zellen, Fasern ꝛc. rein von einander abgesondert herauszupräpiren, dann bedürfte es in vielen Fällen nicht dieser complizirten Anwendung der Lösungsmittel, die in der Phytochemie gleichsam das anatomische Messer vertreten müssen. Dem fortschreitenden Streben in der Phyto-Morphoscopie muß es überlassen bleiben, diese

Aufgaben möglichst zu lösen, während welcher Zeit aber die Phytochemie treulich benutzen mag, was von dem Vorhandenen zu benutzen ist, woraus sich dann die unablässig zu befolgende Regel: „trenne von dem zu analysirenden Pflanzentheil, was sich als ein Heterogenes, nicht zu ihm selbst Gehöriges, nur irgend trennen läßt," für den Analytiker ergiebt. Bey den im folgenden Capitel anzuführenden Analysen, die zur Kenntlichmachung und Einführung mehrerer pflänzlicher Reagentien, als bisher bekannt und gebräuchlich waren, unternommen wurden, sind wir diesem Gebot nach Kräften nachgekommen. Da es dort fürs erste nur darauf ankam, mehrere Gerbsalze aus verschiedenen Pflanzen und Pflanzentheilen zu erhalten, und die Pflanze und der Theil, womit begonnen wurde, in dieser Rücksicht ganz gleich war, weil sie doch einmal alle an die Reihe kommen müssen, so wurden zur Analyse diejenigen Theile gewählt, die am leichtesten von andern anatomisch trennbar sind, nemlich in den meisten Fällen der Krautstengelbast. Zu seiner Darstellung werden die vorjährigen Reiser im Frühjahr kurz vor dem Blattrieb geschnitten, mit einem nicht eisernen, sondern hölzernen, beinernen oder silbernen Instrumente von der äußern, gefärbten Rinde befreyt und der Bast behutsam mit einer Glasscherbe in dünnen Fasern vom Holze abgeschabt, dieselben schnell auf einem Bogen Papier in dünnen Lagen über Kohlfeuer oder auf dem Ofen getrocknet, bey welcher Behandlungsweise sich diese, sonst so schwer bezwingbaren, zähen Pflanzentheile sehr leicht pulvern lassen, was bey dem in dicken Streifen abgezogenen Baste bekanntlich so schwer hält. Das schnelle

Trocknen ist, wenn es vorsichtig geschieht, von größter Wichtigkeit, weil man dadurch jenen Selbstentmischungen vorbeugt, denen, ein Pflanzentheil, losgerissen aus seiner organischen Verbindung mit der Mutterpflanze, nothwendig unterworfen ist, weil auch das Pflanzenstoffleben keinen Stillstand kennt. So wird z. B. der frische Bast von den Haselreisern, wenn er nur 1—2 Stunden in der gewöhnlichen Temperatur sich selbst überlassen bleibt, braun gefärbt, wogegen derselbe gleich nach dem Abschaben getrocknet, seine ursprüngliche, weissgrünliche Farbe behält, durch dieses Trocknen in einen Zustand von Erstarrung versetzt werdend. Bey den meisten Bastarten ist dies der Fall, was an die Vauquelinschen Versuche *) mit Baumsäften erinnert, deren faktische Resultate keinem Zweifel unterworfen sind, wenn gleich die darauf gegründete Erklärung von hiebey stattfindender „Oxydation" noch der Hauptbeweise bedarf, um zur Evidenz erhoben zu werden.

Wir erachten es nicht für nöthig, über die hydrochemische Zerlegungsweise, die Anwendung des Extraktionsapparats und über die Zubereitung der zu extrahirenden Pflanzensubstanzen hier noch mehr ins Einzelne zu gehen, da die Anwendung der, bey jeder Pflanzenanalyse nothwendigen Modifikationen der Erfindungsgabe des Forschers anheim gestellt werden muß, und daher nur bey der Darstellung der Analysen von bestimmten Pflanzen angemerkt werden kann. Ueberhaupt sollte dieser Beytrag zur Zerlegungsweise der Pflan-

---

*) Sur l'Extractif: Journal de la Société des Pharmaciens de Paris. No. XIII. p. 133. Trommsdorff Journal VI. B. Leipzig 1800. 1tes St. p. 219 f.

zen nur dazu dienen, den Weg des Lösungs- und Extraktionsprozesses in allgemeinen Zügen zu bezeichnen, um bey den analytischen Versuchen des öftern Wiederholens dieser Allgemeinheiten, die dort im Besondern stets wiederkehren, überhoben zu seyn.

Fünftes Capitel.

Reagentien *).

§. 1.

Das Reagens ist seinem Wesen nach das die bestimmte Qualität eines Körpers Erzeugende, seiner Anwendung nach hingegen das dieselbe bemerk- und erkennbar Machende **). Beydes zusammen bezeichnen wir mit der Benennung: Qualitäterforscher. Durch Verwechselung des erstern (des Wesens) mit dem letztern (dem Nutzen) ist die wahre Bedeutung des Reagens und mit dieser die volle Würdigung seiner Wichtigkeit für die chemische Forschung unerkannt geblieben, woraus sich die bisherige einseitige und beschränkte Anwendung der Reagentien in der

*) Vergl. erste Liefer. Cap. II.

**) Vergl. erste Liefer. p. 50. §. 113—118. — Unter §. 113. ist dort bey der Correktur folgende Unrichtigkeit übersehen worden. Es muß dort zwischen: „die Qualität eines Stoffs" und „auszumitteln" eingeschaltet werden: „hervorzurufen, zu zeugen; seiner Anwendung nach es" ɩc., so daß es heißt: „das Reagens ist seinem Wesen nach ein Mittel, das dazu dient, die Qualität eines Stoffs hervorzurufen, zu zeugen; seiner Anwendung nach sie auszumitteln" ɩc.

Phytochemie erklärt. Noch nie haben sich die bisherigen Phytochemiker die Frage genügend beantwortet, die doch an Jeden ergeht der chemisirt, aus welchem Grunde Sie sich in einem bestimmten Fall, mineralischer, pflänzlicher und thierischer Reagentien bedienen, noch nie ist das Verhalten der Stoffe gegen solche Reagentien wissenschaftlich gewürdigt und erörtert worden.

§. 2.

Im Frühern (erste Liefer. §. 27. und §. 113. f.) haben wir gezeigt, daß alles dasjenige, was man Eigenschaften oder Qualitäten nennt nichts an und für sich Daseyendes, dem Körper gleichsam Anhängendes, sondern ein Bedingtes, ein Produkt aus zweyen mit einander wechselwirkenden Faktoren (Agens und Reagens) sey, woraus folgt, daß je nach der Verschiedenheit der Faktoren auch die Produkte, also auch die ihnen zukommenden Qualitäten verschieden seyn müssen, und sonach so viele Qualitäten an einem Körper bemerkbar werden als Qualitäterzeuger (Reagentien) sich individualisirt haben und mit ihm wechselwirkend auftreten. Will man sich also eine Kenntniß von den Eigenschaften, die ein Körper besitzt (oder um in unserer Sprache zu reden „zeugt"), verschaffen, so muß man ihn mit allen vorhandenen Körpern (= Reagentien) in Conflikt bringen. Dem Phytochemiker ist daher zu diesem Endzweck alles dienstbar und selbst sein eigener Leib möge es nicht verschmähen, mit unter dieser Reihe von Körpern aufzutreten, wenn er nur sicher ist, daß er siegend und unverletzt davon kommt. —

§. 3.

Wir lassen uns hier auf die Erörterung des Wesens des Reagens und der Reaktionen, worauf allein nur eine wissenschaftliche Theorie des Chemismus — der im allgemeinsten Sinne nichts weiter ist als das Wechselspiel zweyer Pole (Base, Säure; Agens, Reagens) vermittelt durch einen dritten flüssigen, oder beyde fluidisirenden Faktor — sich gründen kann, nicht weiter ein, sondern wenden uns, diese Erörterung für künftige Zeiten, wo wir den Chemismus, nnd zwar zunächst den Phytochemismus in seinen verschiedenen Formen oder Erscheinungsweisen betrachten werden (in der III. Liefer.) zur nähern Bestimmung der Gründe: wann? wo? und warum? ein bestimmtes Reagens angewendet werden soll. — Wie der Arzt es nicht nur seinem Kranken, sondern auch seiner Wissenschaft, die ihm das Instrument der Heilung (Arzney) angiebt, schuldig ist, die Gründe für und wider abzuwägen, ob dieses oder jenes Mittel zur Tödtung des Krankheitsorganismus anzuwenden sey, er also nicht tappend, sondern bewußt zu Werke gehen muß, so auch der Chemiker. Auch von ihm fordert seine Wissenschaft die strengste Rechenschaft über jede Handlung und daher in diesem bestimmten Fall über die Anwendung der Reagentien. Es ist Zeit, die zu ihrer Anwendung bestimmenden Gründe hier ernstlich zur Sprache zu bringen, damit das Experimentiren mit ihnen — das, wir könnens nicht verhehlen, in der Mehrzahl phytochemischer Analysen als der Willkühr und dem Gutdünken des Analytikers überlassen, mehr ein Vrobiren als Forschen war — zu einem bewußten und dadurch dem Menschen würdigem werde, der durch das ihm angeborne Streben, sich auch geistig alle Dinge anzueignen: sich aller Dinge bewußt zu werden, allen übrigen Naturindividuen sich überhebt, deren Tendenz nur auf leibliche, körperliche Aneignung geht.

§. 4.

Der Weg zur Wahrheit ist ein relativer. Die Wahrheit ist = Gesundheit und Tugend nur beziehungsweise Etwas, das, wie letztere nur durch ihre Gegensätze: Krankheit und Laster, erkannt werden können, nur mittelst der entgegengesetzten Wahrheit, der Lüge oder dem Falschen richtig zu würdigen ist. Denn gleichwie Krankheit nicht Mangel der Gesundheit, sondern eine andere Gesundheit, Laster, erweislich nicht Mangel an Tugend, sondern eine andere, entgegengesetzte Tugend ist und Eins ohne das Andere nicht verstanden werden kann, so ist auch die Lüge nicht Mangel oder Negation des Wahren, sondern eine andere Wahrheit, und beyde müssen in gegenseitiger Beziehung untersucht werden, wenn man auch nur das Wesen des einen erkennen will. Wie alle Gegensätze sich immerwährend fordern und begleiten, so auch Wahres und Falsches. Ueberall sind sie gleichzeitig da, wie Gesundheit und Krankheit, Tugend und Laster. Denn wie die Gesundheit des Menschen ein Krankwerden und Sterben der Naturinvidiuen nothwendig setzt, und die Krankheit und der Tod des Menschen in ein Genesen und Gesunden für die Naturkörper sich verwandelt, und endlich der nicht Mensch seyenden Natur die menschliche Tugend für Laster, das menschliche Laster aber für Tugend gilt *), so ist das Wahre von einem Dinge die Lüge, das Falsche von einem andern, und das Falsche von diesem Dinge kann wieder wahr

*) Den Beweis an einem andern Ort.

seyn von jenem. Was von A für wahr gilt, gilt nicht von B für solches, ist also in Bezug auf B falsch. Dieses Falsche ist aber kein Mangel, sondern nur die Umkehrung, der Gegensatz des Wahren von B. —

§. 5.

Diese, der Chemie ganz fremd scheinenden Prinzipien, sind für dieselbe von der größten Wichtigkeit und es ergeht nach ihnen auch an den phytochemischen Forscher die Anforderung, den zweyfachen Weg der Erkenntniß: den zur Erforschung des Wahren, und den zur Nachweisung des Nichtwahren, Falschen, eines Dinges zu betreten und gleichmäßig fortzuwandeln. Denn um zu erfahren, was ein Ding ist, muß man gleichzeitig zu erforschen suchen, was es nicht ist, und umgekehrt ist mit der Ausmittlung desjenigen, was von einem Dinge nicht gilt (was in Bezug auf es falsch ist) das nothwendige Auftreten des Gegensatzes, nemlich die Erforschung desjenigen, was von ihm gilt (was von ihm wahr ist) gegeben, so daß sich beyde Pole auch dem chemischen Experimentator stets darstellen. Aber nicht immer hat er ihr nothwendig stattfindendes Zusammenauftreten erkannt und richtig gewürdigt, sonst würde es auch in Bezug auf unsern Gegenstand anders aussehen, und man einen längst bekannten und vielfältig in Anwendung gebrachten — aber wie sich zeigen wird, seinem ganzen Inhalte nach nicht erkannten — Satz mehr beachtet und angewendet haben als es bis jetzt geschehen. Wir wenden uns jetzt zur Erörterung desselben.

§. 6.

Daß eine Verbindung $= A + B$ weder durch A noch durch B zerlegt werde noch werden könne, wohl aber möglicher Weise durch C. D. E. ꝛc., ist ein über allen Zweifel erhabener, keines Beweises mehr bedürfender Satz, der im chemisch-allgemeinen Sinn mit den Worten: „Gleiche Salze zerlegen sich nicht, nur ungleiche" ausgesprochen ist. In diesem Satze liegt nun, wie wir das jetzt beweisen wollen, unendlich viel, liegt das leitende Prinzip für alle Reaktionsversuche und sonstige Anwendung der Reagentien, die ohne seine Berücksichtigung nie zu einer wissenschaftlichen Betrachtung gelangen können. Er gebietet, beyde eben (§. 5.) angedeuteten Wege zu wandeln, durch folgende, dem Sinne nach in ihm liegende, zu erfüllende Forderungen:

1. Beweise das von einem Salze für wahr gelten Sollende durch das ihm Gleiche; und
2. das in Bezug auf dasselbe Unwahre oder Falsche durch das ihm Ungleiche (durch andere Salze);

d. h. wende in dem Fall, wo du erweisen willst, daß ein Salz eine bestimmte Säure, z. B. Kleesäure enthalte, die, die gleiche Säure enthaltenden, Salze also kleesaure Salze an. Durch Nichtreaktion gegen diese (weil die Kleesäure die Kleesäure nicht austreiben kann) ist es dann, von der einen Seite her (durch das Gleiche) bewiesen, daß die Säure im geprüften Salze die gleiche, also Kleesäure sey. Dieser Beweis von dem, was die Säure ist, ist aber ein einseitiger, und kann nur dann erst auf Allgemeingültigkeit Anspruch machen, wenn ihm der andere von dem, was die Säure nicht ist, gegenübersteht, der dadurch geführt wird, daß man zeigt, die als Kleesäure schon halb und halb erwiesene Säure sey nicht Weinsteinsäure, nicht Citronensäure, nicht Aepfelsäure ꝛc., wozu das Ungleiche, die, die problematische Kleesäure nicht, sondern andere Säuren enthaltenden Salze ihre Anwendung finden, also weinsteinsaure, citronensaure, äpfelsaure ꝛc. Salze; die durch Veränderungen (Reaktionen), welche das zu prüfende kleesaure Salz in ihnen hervorbringt, kund thun, daß die problematische Säure nicht Weinsteinsäure, Citronensäure, Aepfelsäure ꝛc. sey (weil nur ungleiche Säuren sich austreiben, also Veränderungen in der bestehenden Verbindung bewirken). Ganz ähnlich ist es mit einer auszumittelnden Pflanzenbase.

Da man nun aber die Natur der Säure oder Base in einem gegebenen Salze nicht weiß, sondern dieselbe erst durch Versuche ausmitteln soll, so stellt sich die Sache anders und die zu befolgende Vorschrift ist diese:

> Wende, um das Daseyn einer bestimmten (vermutheten) Säure oder Base zu bejahen oder zu verneinen, vorzugsweise die Salze als Reagentien an, die diese vermuthete Säure oder Base als Bestandtheil enthalten, und schließe (mit Beachtung der unten anzugebenden Vorsichtsmaßregeln) bey stattfindender Reaktion auf das Nichtdaseyn der muthmaßlichen Säure oder Base; dagegen aber auf ihr Daseyn, wenn keine Reaktion erfolgt.

Mit Erfüllung dieser Vorschrift genügt man beyden Forderungen, man zeigt, was ein Salz ist und was es nicht ist. Um hier aber sicher zu gehen und nicht die Resultate beyder, entgegengesetzter Wege zu verwechseln, das Wahre fürs Falsche, das Falsche fürs Wahre zu nehmen, ist es nöthig, ins Einzelne zu gehen und durch Beyspiele neben der Sicherheit, die die Erfüllung dieser Ansichten gewähren, zugleich auch die Klippen zu zeigen, woran der Forscher scheitern kann.

§. 7.

Gesetzt es sey eine Säure x gegeben, von der ausgemittelt werden solle, ob sie eine mit den schon bekannten gleiche, oder eine noch unbekannte, eigenthümliche sey. So ist dies auf die direkteste Weise nach den oben entwickelten Prinzipien möglich; gemäß welchen man folgendermaßen verfährt. Man verbindet zuerst, weil Pole ähnlichen Werthes sich gegenseitig am reinsten ausgleichen, die x säure mit einer bekannten Base und bringt das hieraus entstehende Salz mit andern Salzen (= Reagentien) in Conflikt und beobachtet, welche Reaktionen erfolgen. Angenommen, es würden dadurch gefällt: 1) salpetersaures Silber, 2) salzsaurer Baryt, 3) schwefelsaurer Kalk und 4) kleesaures Arsenikoxyd; hingegen nicht gefällt würden: essigsaures Eisen, citronensaures Zink, bezoesaures und bernsteinsaures Natron; so geben die obigen vier Reaktionen einen direkten Beweis, daß die x säure keine Salpetersäure, keine Salzsäure, keine Schwefelsäure und keine Kleesäure sey, eben weil die diese Säuren enthaltenden Salze zerlegt werden. Betrachtet man die Aufeinanderfolge der vier genannten Reagentien genauer, so ergiebt sich, daß sie keine willkührliche, sondern eine nothwendige ist, bedingt durch die aus den Reaktionen gezogenen Schlüsse: indem nemlich das nächstfolgende Salz stets die Vermuthung von dem Daseyn derjenigen Säure widerlegt, die durch die Reaktionen des vorhergehenden angeregt wurden. Der Niederschlag mit salpetersaurem Silber deutet nemlich auf Salzsäure, deren Daseyn aber gleich durch die Wirkung auf den salzsauren Baryt verneint wird, dessen Base hier selbst an Salzsäure gebunden, nicht durch Salzsäure abgeschieden werden kann. Diese Wirkung auf den Baryt läßt Schwefelsäure vermuthen, was aber durch das Gefälltwerden des schwefelsauren Kalks alle Wahrscheinlichkeit verliert. Die Fällung des Gypses deutet endlich auf Kleesäure, allein der Niederschlag, der auch im kleesauren Arsenoxyd entsteht, macht auch diese Deutung zu Schanden. — Mit der Ausmittlung einer gegebenen, unbekannten Base verhält es sich eben so. So kann z. B. die in dem obigen Fall mit der xsäure zu einem Salz verbunden gewesenen Base kein Silber, kein Baryt, kein Kalk und kein Arsen seyn, eben weil diese Basen durch die xsäure gefällt wurden. — Die oben aufgeführten, nicht fällenden Reagentien deuten nun gegentheils darauf hin, daß die xsäure eine, mit einer von jenen Säuren identische sey. Um diese Vermuthungen zu widerlegen, müssen die Säuren der nicht gefällten Salze mit andern Basen verbunden und damit die Reaktionsversuche wiederholt werden. Gesetzt, man nähme statt des essigsauren Eisens: essigsaures Silber, statt des citronensauren Zinks: citronensaures Kali, statt des bernsteinsauren Natrons: bernsteinsauren Stron, statt des benzoesauren Natrons: bezoesaures Zink und nun erfolgten Fällungen durch das xsaure Salz, so würde sich daraus als Resultat ergeben, daß die xsäure weder Essigsäure, noch Citronensäure, noch Bernstein- und Benzoesäure sey, abgesehen von allen Schlüssen, wozu schon die oben angeführten Reaktionen mit den vier Salzen berechtigen.

§. 8.

Dieses nun gleichsam aus dem Stegreife beygebrachte Beyspiel wird das oben ausgesprochene klar machen und wird Jeden, der nur nachdenken will, überzeugen, wie wichtig die Sache ist und wie sie überall Anwendung finden müßte, wenn — nicht ungeheure Schwierigkeiten sich in den Weg legten. Doch diese dürfen nicht abschrecken, sie müssen besiegt werden, und damit dieses geschehe, wollen wir einige derselben anführen und zu beseitigen suchen. Schwierig wird die Sache:

1. Durch die nicht immer zu erfüllende Hauptforderung an den Chemiker: daß sein Salz, welches er der Prüfung unterwirft, rein sey; daß nicht mehrere Basen und mehrere Säuren im Spiele sind, die die Versuche trüben. Hier muß der praktische Chemiker, dem die Erfüllung dieser Forderung im Allgemeinen schon Hauptpflicht ist, nach besten Kräften leisten was er kann.
2. Durch die große Anzahl vorräthig zu haltender Reagentien. Dies leidet eine solche Ausdehnung, daß es keinem Zweifel unterliegt, es werden noch einmal Tausende von Reagentien in Anwendung kommen, was aber keineswegs schrecken darf, da es ja dem Chemiker wie jedem Forscher obliegt, sein Gebiet nach allen Seiten hin zu erschöpfen, und die Wechselwirkungen seiner Objekte (Salze) unter einander kennen zu lernen. Gesetzt, es würden innerhalb zehn Jahren tausend Pflanzensalze entdeckt, die man Grund hätte, für eigenthümliche

und verschiedene zu halten, so bekommt diese Vermuthung nicht eher Wahrscheinlichkeit und Gewißheit, als bis man es auch aus den Wirkungen dieser tausend Salze aufeinander nachweist.

3. Durch die vielen stattfindenden Ausnahmen, wo Reaktionen erfolgen, die auf Ungleichheit der Faktoren hindeuten, diese aber dennoch gleich sind, z. B. die Wirkung der Weinsteinsäure auf neutrales, weinsteinsaures Kali und neutrales weinsteinsaures Kupferoxyd, in welchen sie unter den bekannten Umständen Niederschläge bewirkt. — Solche Fälle muß man kennen, und man kann sie kennen, weil man nur solche Reagentien anwenden darf, die ihrem sonstigen Verhalten nach bekannt sind.

4. Durch den Mangel an zu Reagentien dienlichen Salzen, namentlich bey Säuren, die sehr geneigt sind, unlösliche Verbindungen zu bilden. Hier muß man einmal seine Zuflucht zu den sauren auflöslichen Salzen nehmen und zweytens sich so helfen, daß man die problematische Säure mit Basen verbindet und nun die bekannte Säure auf diese Verbindung einwirken läßt. Letzteres ist dann aber im Grunde nicht nöthig, denn durch die hier obwaltende verschiedene Lösbarkeit der Verbindungen ist es ja schon bewiesen, daß beyde Säuren nicht gleich seyn können.

5. Wenn mit einer Menge von Salzen keine Reaktion erfolgt, und man darauf die Vermuthung von der Identität der Bestandtheile gründet, aber doch noch keine Gewißheit hat. Hier müssen andere bekannte Hülfsmittel: Cristallform, physikalische

und dynamische Reagentien in Anwendung gesetzt werden.

Es ist nicht nöthig, hierüber noch mehr zu sagen, da die praktische Ausübung hier nur die Mängel entdecken und beseitigen kann.

§. 9.

Wir wollen nun im Kurzen diejenigen Reagentien andeuten, die wohl anzuwenden wären, um die Differenz pflänzlicher, nach anderweitigen Reaktionen für identisch zu haltender, Salze auf direktem Wege zu erweisen.

I. Reagentien für Pflanzensäuren.

1. Reagentien, wodurch erwiesen werden könnte, daß eine für Weinsteinsäure gehaltene Säure dieses nicht sey.

Hieher gehören alle Verbindungen aus alkalischen, erdigen und metallischen Basen mit der als Weinsteinsäure anerkannten Säure, die im Wasser löslich und durch einen Ueberschuß an Säure nicht fällbar sind; z. B.

weinsteinsaure Yttererde,
— — — Süßerde,
— — — Alaunerde,
— — — Molybdänoxydul,
— — — Arsenoxyd,
saurer weinsteinsaurer Kalk,
— — — — — — Baryt,
— — — — — — Stron,
— — — — — — Manganoxydul ꝛc.

Anm. Wird eins von diesen Salzen durch die freye oder mit einer bekannten Base verbundenen problematischen Säure gefällt, so ist man sicher, daß die Säure keine Weinsteinsäure sey.

2. Reagentien, die bey stattfindenden Reaktionen das Daseyn der Citronensäure verneinen.

Hiezu dienen lösliche citronensaure Salze, die gleichfalls keine unlösliche, saure citronensaure Verbindungen machen, z. B.

citronensaurer Stron
— — — Süßerde
— — — Zink
— — — Eisenoxyd
saurer — — — Talk
— — — — Alaunerde ꝛc.

3. Reagentien, um vom Nichtdaseyn der Kleesäure zu überzeugen.

Kleesaure Salze; z. B.

kleesaures Molybdänoxydul
— — Chromoxydul
— — Arsenoxyd
— — Eisenoxydul
— — Süßerde
saurer — — Stron ꝛc.

4. Reagentien, um damit die für Aepfelsäure ausgegebenen Säuren als solche nicht seyend zu erweisen.

Apfelsaure Salze; z. B.

apfelsauren Kalk
— — Zinkoxyd
— — Eisenoxyd
— — Talk ꝛc.

5. Reagentien, um (wenn Reaktionen erfolgen) evident darzuthun, daß Milchsäure nicht = Essigsäure sey.

Alle essigsauren Salze: alkalische, erdige und metallische, die mit Wasser lösliche Verbindungen geben, finden hier Anwendung.

§. 10.

Dies mögen der Beyspiele genug seyn, um diese höchst wichtige Sache für den Analytiker zu erörtern und begreiflich zu machen. Alles was in den Analysen verschiedener Pflanzen an Kleesäure, Citronensäure, Weinsteinsäure, Apfelsäure ꝛc. als Bestandtheil aufgeführt wird, hat noch diese chemischen Salzproben auszuhalten, ehe man diese Pflanzensäuren als die genannten aufführen darf. Wir sind fest überzeugt, daß bey einer solchen Revision vieler Analysen sich eine große Menge der unter Kleesäure, Apfelsäure ꝛc. aufgeführten Säuren von diesem alten Joche losreißen und als eigenthümliche hinstellen werden. So können wir unmöglich glauben, daß dieselbe Kleesäure, die in Oxalis acetosella sich findet, auch in der Rad. alcannae, apii, bistort., maj., curcum., dictamni alb., foeniculi, gentian., lapathi acut., liquiritiae, mandragorae, ononidis, ireos flor., saponar., tormentill., valerianae, zingib.; cortex canell. alb., cascar. caryophyll., chinae etc. *) vorhanden seyn sollte; daß dieselbe Apfelsäure, die im Pyrus Malus ist, sich auch finde **): in Sambucus nigra, in Berberis vulg., in Sorbus aucuparia, Bromelia ananas, Solanumbeeren, Sempervivum tectorum, Arum macul., Cotyledon, Portulaca, Crassula, Mesem-

---

*) Gmelin Handbuch der Chemie. 3ter Bd. Frankf. a. M 1819. S. 951.

**) Ebendas. S. 999.

bryanthemum, Taback, Belladonna rc. rc. Solche Behauptungen, deren es in Bezug auf die bekannten Pflanzensäuren eine Menge giebt, stehen mit sich selbst im Widerspruch und sprechen einer wissenschaftlichen Pflanzenforschung Hohn, die nicht nach einzelnen zufälligen, scheinbaren Aehnlichkeiten über die Natur eines Stoffs entscheidet, sondern nur durch Gründe und Thatsachen, die sich wechselseitig bedingen, sich bestimmen läßt.

§. 11.

Bey dieser Prüfungsart kommen nun eine Menge Hand- und Kunstgriffe in Anwendung, die ein jeder durch Uebung sich selbst lehren muß, oder doch erst durch vielfältige Versuche auszumitteln sind. Eine vorzügliche Beachtung verdient der flüssige Faktor (Lösungsmittel), durch welchen man die Salze mit einander in Contakt bringt. Wasser reicht keinesweges in allen Fällen aus, und ist da ganz unbrauchbar, wo die problematische Säure die Eigenschaft hat, mit Basen leicht in Wasser lösliche Verbindungen zu bilden. Eine solche Säure würde man dann leicht für Essigsäure halten können, um so mehr, wenn man fände, daß sie die in Wasser gelösten essigsauren Salze nicht fällte. Hier sind andere Lösungsmittel, namentlich Weingeist und Alkohol zu wählen; bey deren Anwendung sich nicht selten alle unter Vorsitz des Wassers statt habenden (chemischen) Erscheinungen geradezu umkehren und die Verwandtschaftsgesetze andere werden, was gar nicht Wunder nehmen kann, wenn man bedenkt, daß die Faktoren es selbst sind, die die Verwandtschaftserscheinungen zeugen. Die Anwendung des Alkohols, da wo der Wasser-Chemismus zu keinem Resultate führt, ist also nicht zu unterlassen. Daß die ganze Bitterkeit des

Quassienholzes vermittelnde Quassiensalz 1ter Kl. wird + Wasser (= 1:60) durch Bleyzucker + Wasser (= 1:60) nicht zerlegt, wenigstens entsteht kein Niederschlag, der sich aber sogleich zeigt, wenn man etwas Alkohol hinzugießt oder beyde mit Alkohol (= 1:60) verbundenen Salze zusammenbringt. Dieses Faktum beweist den Werth des geistigen Chemismus auch für diese Fälle, da man durch denselben ohne alles andere zu berücksichtigen, zu beweisen im Stande ist, daß Quassiensäure mit Essigsäure nicht identisch sey. (Der Niederschlag in der alkoholischen Bleyzukkerlösung ist nemlich quassiensaures Bley). Für die Anwendung des Aethers gilt dasselbe.

II. Reagentien für Pflanzenbasen.

§. 12.

Hier läßt sich wenig bestimmen, weil man noch zu wenig Pflanzenbasen kennt, jedoch wollen wir auch hier nicht unterlassen, einige Andeutungen zu geben, die es möglich machen, einen direkten Beweis für die Nichtidentität zweyer gegebenen Basen zu führen. Wenn oben (§. 6.) bey Prüfung der Säuren Salze in Vorschlag gebracht wurden, deren einer Bestandtheil die zu negirende Säure war, so müssen hier auf analoge Weise Salze angewendet werden, die diejenige Base als Bestandtheil enthalten, deren Nichtidentität mit einer andern noch unbekannten erwiesen werden soll, d. h. wenn man beweisen will, daß eine Base nicht Chinabase sey, so sind dazu chinabasische *) Salze anzuwenden. Einige Beyspiele werden

*) Wenn man die Verbindungen von Chinasäure mit Basen „chinasaure Salze" nennt, so steht es doch auch wohl frey,

dies erläutern. 1) Bringt man Kaffesalz 1. Kl. + Wasser (= 1 : 60) mit Chinaregiasalz 1. Kl. + Wasser (= 1 : 60) zu gleichen Theilen zusammen, so scheidet sich sogleich ein starker weißgelber Niederschlag ab. Diese Thatsache beweist einmal, daß Kaffebase 1. Kl. nicht = Chinabase 1. Kl. sey, und zweytens, daß auch die Säuren beyder Salze verschieden seyn müssen, wenn es sich nicht erweist, daß hier keine Zerlegung übers Kreuz (doppelte Wahlverwandtschaft), also keine Verbindung heterogener Faktoren, sondern eine in gerader Linie: Vereinigung homologer Faktoren (Base mit Base, Säure mit Säure) stattfindet, in welchem Fall dann zwey von diesen vier Faktoren identisch seyn können. (Man denke hier an die Zerlegung von Thonkali durch Kieselkali.) 2) Das Salz 1. Kl. von China fusca + Wasser (= 1 : 60) bringt in dem Chinaregiasalz 1 Kl. + Wasser (= 1 : 60) einen gelblichbraunen Niederschlag hervor, was nicht geschehen würde, wenn die Säuren und Basen beyder Salze gleich wären. In den künftig zu beschreibenden Analysen wird man noch mehrere Thatsachen der Art finden.

§. 13.

Da es nun eine der wichtigsten Aufgaben für den Phytochemiker ist, die Eigenthümlichkeit und das Nichtidentischseyn seiner neuen Basen und Säuren zu begründen und nachzuweisen, und da dieses nur auf dem direktesten Wege durch die homologen Reagentien geschehen kann, so hat derselbe in dieser Beziehung seine größte Aufmerksamkeit auf die pflänzlichen Salze

---

die Verbindungen von Chinabase mit Säuren „chinabasische Salze" zu nennen? Wir werden uns in Zukunft um der Kürze willen bey ähnlichen Fällen oft dieses Ausdrucks bedienen.

als anzuwendende Reagentien zu richten, und wird, abgesehen von der Anwendung dynamisch-animalischer Reagentien, es für eine seiner Hauptobliegenheiten erachten, alle nur möglichen Pflanzenstoffe mit einander in Conflikt zu bringen, indem er aus ihren wechselseitigen Einwirkungen nach dem Erörterten die Hauptgründe für das Gleich- oder Nichtgleichseyn seiner Stoffe entnehmen kann. Es giebt kein einfacheres Mittel, die Nichtexistenz eines s. g. „Gerbstoffs" und an dessen Stelle die Existenz vieler, verschiedener, Thierhäute gerbender Säuren zu erweisen, als das, die diese Säuren enthaltenden Salze aufeinander einwirken zu lassen. Unsere Erfahrung, daß das Tormentillwurzelsalz 1ter Kl. das gleichnamige aus China regia + Wasser (= 1 : 60) fällt, beweist hinlänglich, daß das Eisengrünende dieser beyden Salze, ungeachtet der Uebereinstimmung in dieser Wirkung auf Eisensalze nicht identisch sey, denn wie könnten sie sich sonst einander die Basen rauben, womit jene unlöslichen Verbindungen entstehen? In Zukunft werden wir auf dieses wichtige Capitel zurückkommen.

§. 14.

Man ist bisher bei Aufführung der Reagentien in der Darstellung der Analysen keinem Prinzip gefolgt, sondern jeder Analytiker ließ in Ermangelung eines solchen seine Reagentien nach Gutdünken aufmarschiren, stellte einmal die, gleiche Säuren, ein andermal die, gleiche Basen habenden Salze zusammen. In dem Vorhergehenden ist auch hiefür die Richtschnur enthalten. Die zu Reagentien dienenden Salze werden nach der in ihnen enthaltenen Säure aufgeführt, wenn es der Charakteristik einer andern

Säure gilt: hingegen nach der Base, wenn eine Base näher zu bestimmen ist.

§. 15.

Sieht man nun das in Beziehung auf die Anwendung der Reagentien in der Phytochemie Vorhandene an, so ist es sehr unbefriedigend, indem daraus klar hervorleuchtet, daß man den oben (§. 6.) ausgesprochenen, in der Oryktochemie vielfältig in Anwendung gebrachten, Grundsatz bey Bearbeitung der Pflanzenchemie gar nicht befolgt und erkannt hat. Wie wäre es sonst auch möglich gewesen, daß man sich, außer einigen wenigen Pigmenten, zur Charakteristik analytischer Resultate (neuer Stoffe) für gewöhnlich nur eines einzigen pflänzlichen Reagens: der Galläpfeltinktur bedient, und alles Uebrige aus dem Pflanzenreich fast gänzlich unbeachtet gelassen hätte? Der Pflanzenstoff findet im Pflanzenstoff seinen reinsten, natürlichsten Gegensatz, und ihre Wirkungen auf einander (Reaktionen) sind die einfachsten, naturgemäßesten Mittel, ihre pflänzliche Natur, die sie nur gegen das Pflänzliche enthüllen, zu erforschen und zu erkennen.

§. 16.

Aber auch selbst diese wenigen pflänzlichen Reagentien, die man seit lange her bey phytochemischen Arbeiten gebrauchte, sind ihrem Wesen und Wirken nach durchaus noch gänzlich unbekannt. Vergebens haben wir uns namentlich nach einer genügenden Erklärung des Braungefärbtwerdens der Rhabarber- und Curcumafarbe durch Laugen, umgesehen. Man hat sich auch nicht viel damit befaßt, weil man auch ohne eine wissenschaftliche Erklärung dieses Vorganges im Stande war, mit Hülfe dieser Farben das Daseyn von Laugen und Basen zu entdecken. Aber bald verloren diese Laugenanzeiger, namentlich die Curcumafarbe, das ihnen unbedingt geschenkte Zutrauen, indem sich zeigte, daß sie nicht nur durch entschiedene Säuren (Boraxsäure) *), sondern auch durch neutralisirte Säuren und Laugen, durch Salze (Bleyzucker **), Uransalze ***) gebräunt wurden. — Letztere Thatsachen hätten nun zu einer Einsicht dieser Erscheinungen des Bräunens führen können, wenn man nur, (statt des (Curcuma-) Papiers die geistige Lösung dieser Farbe mit geistigen Lösungen der das gefärbte Papier bräunenden Salze (Bleyzucker rc.) in Berührung gebracht hätte, dann würde man Niederschläge erhalten haben, deren genaue Untersuchuug das Dunkel dieser Farbenerscheinungen aufgeklärt haben würde. Allein dies geschah nicht, man konnte über die Papierform nicht hinweg, und selbst die sonst gründliche Arbeit von Tromsdorf †) führte deshalb zu keinem erklärenden Resultate, weil alle Versuche mit, mit Curcumagefärbtem Papier angestellt sind.

§. 17.

Um nun dieses interessante Thema mit mehr Erfolg als bisher zu bearbeiten, war reine Darstellung der Farben Haupterforderniß. Bisher hat man blos den wässerigen oder weingeistigen Auszug (womit das Papier getränkt wurde) angewandt, ein nicht zu billigendes Verfahren, da beyde erweislich eine Menge an-

*) Apoth. Müller in Trommsdorff Journal 16ter Bd. 1807. 1tes St. p. 97.

**) Von Kastner zuerst bemerkt, ebendas. p. 96.

***) Nach Buchholz ebendas.

†) Ebendaselbst.

derer Pflanzensalze enthalten, die das Resultat der Versuche trüben. Der von uns eingeschlagene Weg zur Darstellung einer Rhabarber- und Curcumafarbe ist dieser:

Pulv. rad. rhei opt. und Pulv. rad. curcum. werden in den Extraktionsapparat unter allmähligem Anfeuchten mit Aether eingestampft und mit demselben extrahirt. Die Rhabarber giebt einen hellgelben, die Curcuma einen goldgelben Auszug, und beyde nach dem Abdampfen braungelb und goldgelb gefärbte Rückstände, von welchen man durch Wasser die (auch in Alkohol löslichen) Salze 1ter Kl. trennt. Die Farben bleiben dann zurück und sind durch heißes Wasser, mehrmaliges Lösen in Alkohol auszusüßen und zu reinigen.

Da beyde Farben sowohl in Aether als auch in Alkohol löslich sind und sie, wie sich unten zeigen wird, durch die halochemische Methode in Säure und Base zerfallen, so gebührt einer jeden von ihnen der Rang eines Salzes zweyter Klasse und die Bezeichnung für dieselben in der tabellarischen Darstellung analytischer Versuche ist also diese:

$$P. \, rh. \frac{\text{Rhei}}{\cdots\cdots} 2$$

$$P. \, rh. \frac{\text{Amom. curcum.}}{\cdots\cdots\cdots\cdots} 2.$$

§. 18.

Ehe wir uns zur nähern Charakteristik dieser beyden Farbsalze durch die Reagentien wenden, muß hier etwas über den geistigen Chemismus, d. h. denjenigen, der im Gegensatz zu dem durch Wasser hervorgerufenen, unter Mitwirkung des Weingeistes und

Alkohols sich darstellt, und hier, weil die Farben nicht im Wasser löslich sind, seine Anwendung findet, gesagt werden. — Ein Rückblick in das phytochemisch-Geschichtliche zeigt, daß auch er nicht so erkannt worden, wie es sollte, und daß man den Werth desselben für die Unterscheidung der s. g. Harze, der ätherischen und fetten Oehle und endlich der Balsame nicht zu schätzen gewußt hat, woher es denn kommt, daß diese in Wasser unlöslichen Stoffe halochemisch, d. h. gegen Mineral- ꝛc. Salze gar nicht geprüft sind, weil wässerige (in Wasser gelöste) Reagentien, wegen der Fällbarkeit dieser Stoffe durch Wasser, nicht anzuwenden waren. Daß man sich bey dieser Betrachtung nicht sogleich in Alkohol und Weingeist gelöster Mineral- ꝛc. Reagentien bediente, ist wirklich zu verwundern. Daß dies nicht geschehen, davon zeugen die chemischen Charaktere, die von den s. g. Harzen, ätherischen Oehlen ꝛc. aufgeführt werden. Fast durchgehends beschränken sie sich auf die Angabe ihres pyrochemischen und hydrochemischen Verhaltens (gegen Feuer und gegen die Lösungsmittel) und auf die Beschreibung der Veränderungen, die sie mit starken Säuren und starken Laugen erleiden. Wie sich die Menge der in Alkohol löslichen, salzsauren und essigsauren alkalischen, erdigen und metallischen Salze im in Alkohol gelösten Zustande gegen diese, gleichfalls in Alkohol gelösten s. g. Harze, Oehle verhalten, das auszumitteln, hat Niemand in einer umfassenden Arbeit unternommen, obwohl hie und da einzelne zufällige Beobachtungen gemacht wurden, die auch hier einen neuen Weg zu phytochemischen Entdeckungen hätten bahnen können, wenn man sich derselben bewußt geworden wäre.

Einmal mißtrauisch gegen alles, was die bisherige Phytochemie an Thatsachen und Hypothesen beut, und nicht befriedigt durch die aufgestellten Unterschiede der unter „Harz, Balsam, ätherische Oehle" ꝛc. zusammengestellten Stoffe suchten wir andere Unterschiede und fanden sie auf dem Wege des weingeistigen und alkoholischen Chemismus. Eine große Menge s. g. Harze, ätherischer Oehle ꝛc. wurde, in Alkohol gelöst, mit gleichfalls in Alkohol gelösten Salzen in Contakt gebracht, wobey sich uns unter anderm (wovon in der dritten Lieferung ausführlich die Rede seyn wird) ergab, daß viele s. g. Harze, z. B. Guajak, Colophonium, Copal, Resina Jalappae, Olibanum, Mastix, das scharfe, in Wasser nur schwer lösliche Salz des Pfeffers („Pfefferharz") und mehrere andere durch essigsaures Bley und andere essigsaure Salze in den basischen und sauren Pol zerlegt werden können. Eben so mehrere fette und ätherische Oehle, z. Ol. Ricini, Ol. Cinnam., Ol. Tereb. rect.; sie gaben Niederschläge mit essigsaurem Bley ꝛc. Auch da, wo gerade keine Fällung statt hat, geben farbige und andere Veränderungen sich kund. So entfärbt die geistige Lösung von Ol. Juniperi auf der Stelle die braune Jodlösung, und Ol. Caryophyllor. ertheilt der grünen salzsauren Kupferlösung nach einiger Zeit eine braune Farbe und durch Zusatz von Ammon. caust. entsteht nnn kein blauer, sondern ein schwarzbrauner Niederschlag. So färbt das essigsaure Quecksilberoxydul in (80°) Weingeist gelöst, eine eben so bereitete Guajaclösung blau. So geben Jode und Guajak, beyde in (70°) Weingeist gelöst, eine schöne blaue Färbung (was schon vor uns

Th. v. Grotthuß sah) *), die, nach kurzer Dauer verschwindend, durch Zusatz von Sublimat mit derselben Schönheit wiederhergestellt werden kann, aber nun wieder verschwunden, nicht wieder herzustellen ist. Jode und Guajak, beyde in Alkohol (von 96°) gelöst, gaben zusammen keine blaue Färbung, die sogleich durch ein Paar Tropfen Wasser hervorgebracht wird. Dieselbe Wirkung, aber weit intensiver, giebt der Sublimat, in dem ein Tropfen seiner alkoholischen Lösung schon das herrliche Blau hervorruft. Diesen Beobachtungen, die zur Erklärung der Jod-Guajakeinwirkung aufeinander, führen können, schließen sich noch mehrere an, die in Zukunft ihre Stelle in unserer Zeitschrift finden werden **).

§. 19.

Aus diesem Wenigen wird nun hoffentlich klar geworden seyn, was durch geistige (spirituöse) Vermittlung auf diesem Felde zu ernten ist. Die Hauptsache dabey bleibt, daß man hiedurch in den Stand gesetzt wird, eine Menge Prüfungen mit einem harzigen oder sonst in Wasser unlöslichen Stoff vorzunehmen, an deren Möglichkeit man bisher kaum gedacht hat. Die jetzt anzugebende Charakteristik der beyden Farben und ihrer Bestandtheile ist eine solche, wir stellen sie zur

---

*) Physisch-chemische Forschungen. 1. Bd. Nürnberg bei Schrag 1820.

**) Dann wird auch des ätherischen Chemismus gedacht werden, wo Aether als das Lösungsvehikel auftritt, durch welchen sich die Salznatur des Kautschucks und anderer nur in Aether löslicher Substanzen, ihr Zerfallen in Base und Säure offenbaren wird.

leichtern Uebersicht und zur Ersparung des Raums sogleich tabellarisch dar.

Was den quantitativen Gehalt der Lösungen (von Reagens und Agens) und ihr quantitatives Verhältniß zu einander beym Zusammenmischen betrifft, so müssen wir den Leser bitten, das in dieser Abhandlung (§. 47. 48.) Gesagte zu beherzigen. — Wegen der großen Farbenintensität wurden unsere beyden Farbsalze in einem Verhältniß von 1 : 240 *) in Alkohol gelöst; nur bey dieser Verdünnung war es möglich, die durch die Reagentien bewirkten Farbenänderungen gehörig zu beobachten. Die so verdünnte Rhabarberfarbenlösung hatte eine ins grünlich-braune schielende blaßgelbe Farbe, die der Curcuma hingegen war rein blaß goldgelb gefärbt. Natürlich wurden bey den Reaktionsversuchen die durch die Reagentien hervorgebrachten Veränderungen stets in Beziehung auf diese ursprüngliche Farbe beurtheilt.

---

*) Was das Verhältniß des Alkohols zum Salz in diesen verdünnten Lösungen betrifft, so ist es ein Multiplum von 60, um ohne vieles Rechnen mit Brüchen (die ein willkührlich gewähltes Verhältniß bey der Verdünnung mit sich führt) sogleich zu wissen, wie viel von einer verdünnten Lösung zu einer Lösung im Normalverhältniß (= 1 : 60) hinzuzufügen ist, um gleiche Mengen Agens und Reagens in Contakt zu bringen, 240 ist = 4 × 60; folglich kommt auf 1 Gran einer zum Reagens dienenden Salzauflösung, die in einem Verhältniß von 1 : 60 bereitet worden, 1 × 4 von jener ver-verdünnten (= 1 : 240) bey den Reaktionsversuchen (vergl. übrigens §. 47. und 48.)

§. 20.

Charakteristik der beyden Farben.

Reagentien	P. rh. $\frac{\text{Amom. curcum}}{\cdots\cdots}$ 2. (Curcumafarbe)	P. rh. $\frac{\text{Rhei}}{\cdots}$ 2 (Rhabarberfarbe)
Sensuelle Reag		
Geschmack:	sehr balsamisch, unangenehm nachschmeckend, im Halse kratzend	geschmacklos.
Geruch:	curcumaartig *)	geruchlos.
Gesicht (Färbung):	durch Braun getrübtes Goldgelb; die geistige Lösung schillert ins Grünliche	gelbbraun; die geistige Lösung eben so, schillert nicht.
Getast (Formung):	weich und schmierig	fest, zwischen den Fingern klebrig werdend.
Pflänzliche Reag.		
Jod:	braune Verbindung, die sich beym Verdunsten an den Rand des Gefäßes hinaufzieht	——— **)
Mineralische Reag.		
Laugen:		
Kali	dunkel-orange Färbung; o Nschl. ***)	rothbrauner Nschl.; das Ueberstehende rosaroth.
Ammon	dunkel-orange Färbung. Erwärmen stellt die vorige Farbe wieder her, die durch Ammonzusatz wieder dunkelorange und durch abermaliges Erwärmen wieder wie vorher wird und so fort, so oft man das Ammonzusetzen und Erwärmen wiederholt	schmutzige Bräunung verhält sich beym Erwärmen 2c eben so wie die Curcumafarbe.
Säuren:		
Schwefelsäure (concentr.)	schöne purpurne Färbung; beym Ueberschuß an Säure sich schnell bräunend; durch Wasserzusatz verschwindend	———

*) Solche eigenthümliche Gerüche lassen sich nicht besser bezeichnen.

**) ——— bedeutet: nichts Bemerkenswerthes.

***) o Nschl. heißt: kein Niederschlag.

Reagentien	P. rh. $\frac{\text{Amom. curc.}}{\cdots\cdots}$ 2. (Curcumafarbe)	P. rh. $\frac{\text{Rhei}}{\cdots}$ 2. (Rhabarberfarbe)
Salzsäure:	schmutzige Verdunkelung der gelben Farbe.	———
Salpetersäure:	Bräunung, beym Erwärmen sich mehrend	———
Boraxsäure:	orange Färbung	———
Salze *):		
$\frac{\text{Kohlensäure}}{\text{Kali}}$	die wässerige Lösung zur geistigen gesetzt: dunkelblutrothe Färbung; auch nach 12 St. o Nschl.	rothbrauner Nschl., das Ueberstehende roth.
$\frac{\text{Kohlensäure}}{\text{Ammon}}$	erhöhte Goldgelbung; Erwärmen stellt die vorige Farbe unverändert wieder her; neuer Zusatz von k. A. bringt wieder Farbenerhöhung, Erwärmen wieder die frühere Farbe hervor, und so fort	Roth-Bräunung. Hier stellt sich beym wiederholten Erwärmen und Zusatz von kohlens Am. derselbe Wechsel des Verschwindens und Erscheinens der stärkern Färbung dar.
$\frac{\text{Essigsäure}}{\text{Kali}}$	orange Färbung, nicht intensiv, aber doch sehr merklich; o Nschl.	braunrothe Färbung und darauf ein schmutzig brauner Nschl
$\frac{\text{Essigsäure}}{\text{Natron}}$	eben so wie bei essigsaurem Kali	Bräunung und nach 12 Stunden ein Nschl.

*) Wir bedienen uns hier bey Aufführung der mineralischen Reagentjen derselben Bezeichnung wie bey den pflänzlichen. Sie ist übersichtlicher, Raum ersparender und kann nicht irre machen, wenn man nur die Art der Verbindung durch die das quantitative Verhältniß der Bestandtheile ausdrückenden Zahlen anmerkt, nemlich

1. eine neutrale Verbindung durch $\frac{\text{I} \cdots\cdots}{\text{I} \cdots\cdots}$
2. eine saure Verbindung durch $\frac{\text{II} \cdots\cdots}{\text{I} \cdots\cdots}$
3. eine basische Verbindung durch $\frac{\text{I} \cdots\cdots}{\text{II} \cdots\cdots}$

Jedoch kann man die Bezeichnung für die neutrale Verbindung weglassen; dies ist auch hier geschehen, so daß man alle Verbindungen für die neutralen zu nehmen hat, bey welchen nichts angemerkt ist.

Reagentien	P. rh. Amom. curcum. 2 (Curcumafarbe)	P. rh. Rhei 2 (Rhabarberfarbe)
Essigsäure Ammon	merkliche Bräunung; 0 Nschl.	kaum bemerkbare Bräunung.
Essigsäure Kalk	—	Bräunung und brauner Nschl.
Essigsäure Baryt	schwache Bräunung	Bräunung und gelbbrauner Nschl.
Essigsäure Talk	—	rothbraune Färbung und Nschl., beydes so stark wie beym kohlens. Kali.
Essigsäure Bley	sehr beträchtlicher, schön orangefarbner Nschl.; das Ueberstehende gelb	starker brauner Nschl; das Ueberstehende gelblich.
Essigsäure Kupfer	—	brauner Nschl.
Essigsäure Zink	nach einigen Stunden gelber Nschl.; die Flüssigkeit gelb	rothbraune Färbung und Nschl.; die Flüssigkeit röthlich.
Essigsäure Quecks.oxydul	gelber Nschl.; das Flüssige gelb	bräunlicher Nschl.; das Flüssige gelblich.

§. 21.

Betrachtet man nun die Veränderungen beyder Farben durch die Reagentien näher, so ergeben sie sich als sehr wichtige Momente für die Erklärung des Bräunens ꝛc. durch Laugen ꝛc. Namentlich ist die Wirkung der essigsauren Salze (die hier wegen ihrer leichten Zerlegbarkeit und Löslichkeit in Weingeist vorzüglich anwendbar waren) so wichtig als überraschend, und die richtige Würdigung ihres Verhaltens klärt hier alles auf, wenn man nur die durch sie hervorgebrachten Niederschläge und die zugleich entstehenden auflöslichen Verbindungen (die über den Niederschlägen stehenden Flüssigkeiten) näher untersucht. Dies haben wir gethan, und gefunden, daß jede dieser beyden Farben aus zwey ganz verschiedenen Bestandtheilen zusammengesetzt ist, und in allen Fällen, wo Reaktion (Fällung) erfolgt eine Zerlegung der Salze

so=

(sowohl der Farbe als des Reagens) auf dem Wege der Wahlverwandtschaft vor sich gehe, dergestalt, daß die Base des Reagens sich mit dem Sauren der Farbe zu einer in Weingeist unlöslichen Verbindung vereinigt, die niederfällt, indeß die Säure des Reagens das Basische der Farbe an sich nimmt und mit ihr jene in Weingeist lösliche Verbindung constituirt, welche die überstehende Flüssigkeit mehr oder minder färbt. Aber selbst da, wo nur Färbung und keine Niederschlagung, z. B. durch die Laugen ꝛc. erfolgt, findet eine ähnliche Zerlegung der Farbe und eine Verbindung des Kali, Ammon ꝛc. mit ihren Bestandtheilen statt. Die Wirkung des Ammons zeigt dies deutlich. Die oben aufgeführte gefärbte Verbindung theilt das Eigenthümliche vieler Ammonsalze, daß beym Erwärmen das Ammon entweicht und das, womit es in Verbindung war, unverändert zurückbleibt. Daß auch hier die Farbe nicht verändert sey, zeigt ihre Fähigkeit nach dem Erwärmen durch neuen Ammonzusatz wieder dieselben Farbenerscheinungen wie das erstemal zu geben. Ließe sich das Kali auch so durchs Erwärmen austreiben, so würde sich auf eine eben so leichte Weise erweisen lassen, daß jene intensiven Färbungen nicht das Resultat von Entmischung, sondern von einer neuen Verbindung sind, die das Eigenthümliche hat, eine Orangefarbe zu besitzen. Was hier die Wärme nicht leistet, ersetzt eine Säure, sie hebt die durch Kali hervorgebrachte Färbung bekanntlich sogleich auf, was erklärend nichts weiter heißt als: die Säure zerlegt die Kalifarbenverbindung, das Kali aufnehmend, die Farbe austreibend, die auch wirklich (wenn vom Kali und der Säure kein zerstörender Ueberschuß vorhanden war) in ihrem ursprünglichen Zustande abgeschieden wird und das Farbenspiel mit Kali von neuem giebt, wenn man den Versuch wiederholt. (Das Ausführliche über diese Ammon- und Kaliverbindungen mit den Farben kann erst unten §. 24. 25. 27. vorkommen.)

Nach diesen Ansichten, wo das Bräunen ꝛc. durch Kali, Ammon ꝛc. als das Entstehen einer neuen Verbindung sich ergiebt, ist nun auch die anfangs unwahrscheinlich scheinende Bräunung der Farben durch essigsaure Kali-, Natron-, Ammon- ꝛc. Salze erklärlich. Daß diese Salze wirklich neutrale und nicht basische waren, davon haben wir uns dadurch versichert, daß wir mit Curcuma- und Rhabarberfarbe getränktes (Fließ-) Papier in ihre wässerigen Lösungen tauchten, wobey sich, so lange sie feucht waren, keine Farbenänderung in Vergleich mit dem in reinem Wasser getauchten Papier wahrnehmen ließ. Dennoch erfolgten bey Zusammenmischung geistiger Lösungen dieser Salze mit den Farben Bräunungen und sogar auch mit essigsaurem Ammon, das nie neutral (sondern stets Lackmus röthend) erhalten wird, wie obige Tabelle zeigt. Diese Erscheinungen erhalten nun ihre Erklärung theils durch das oben nachgewiesene Verhalten des Ammons ꝛc. zur Farbe, diese nicht zerstörend, sondern sich mit ihr verbindend, theils durch die Reaktionen des essigsauren Bleyes und mehrerer Metallsalze, die eine Scheidung der Farbenbestandtheile auf dem Wege der kreuzweisen Zerlegung (doppelten Wahlverwandschaft) bewirken, was, wenn es hier geschieht (wofür der Beweis nach unten geführt wird), auch bey den essigsauren Kali-, Ammon- ꝛc. Salzen möglich ist. Der eine Farbentheil vereinigt sich mit dem Kali, Ammon, Natron rc. zu einer braunen Verbindung, indeß der andere die Essigsäure an sich nimmt. Daß die Bräunung hier nicht so stark ist, kommt daher, daß hier beym Zusammischen neutraler Salze auch nur neutrale Verbindungen entstehen können, welche, namentlich die neutralen Kali-, Natron- und Ammonverbindungen mit diesen Farben weniger intensiv gefärbt sind als die basischen beym Vorwalten des Kali, Natron rc. Das Ganze dieser Erscheinungen bey den essigsauren Salzen reduzirt sich also darauf, daß: das Saure der Farbe mächtig genug ist, der Essigsäure mehr oder minder vollkommen die Base zu entreißen und damit gefärbte Verbindungen darstellt. Eine ähnliche Bewandniß hat es mit den kohlensauren Salzen, sie sind wirklich neutral (wie das sich schon aus ihrem anderweitigen Verhalten ergiebt), dennoch reagiren sie gegen die Farben wie freye Basen, weil die Kohlensäure wegen ihrer schwachen Acidität auch hier den Farbensäuren weicht. In vielen Fällen entsteht aber auch eine s. g Tripelverbindung aus dem kohlensauren Salze mit der Farbsäure (vergl. unten §. 24. 27.)

§. 22.

Diese in manchen Fällen vorgreifend ausgesprochenen Erklärungen bestätigen sich nun vollkommen durch das Verhalten der isolirt dargestellten basischen und sauren Bestandtheile dieser Farben. Wir wählten dazu das essigsaure Bley, weil es sie am vollständigsten zerlegt. Die in Weingeist gelöste Curcumafarbe wird durch eine gleichfalls geistige Bleyzuckerlösung zerlegt und der entstehende dunkelorange gefärbte Niederschlag nach dem Aussüßen mit Weingeist in Wasser zertheilt, durch Hydrothionsäure zersetzt, die die Farbensäure abscheidet, welche als im Wasser unlöslich mit dem hydrothionsauren Bley niederfällt und durch Weingeist von demselben geschieden wird. In dem durch Bleyzucker nicht gefällten bewirkt Bleyextrakt noch eine sehr starke Färbung und endlich einen Niederschlag, der von dem obigen nicht verschieden ist, so daß man gleich anfangs Extr. Saturn. anwenden kann. Die nun überstehende, blaßgelbe, die Farbenbase enthaltende Flüssigkeit wird zur Trockne gebracht, durch Auswaschen und Kochen mit Wasser vom Bleysalze und der Essigsäure getrennt.

Die Darstellung der Säure und Base aus der Rhabarberfarbe ist eben so. Der Bleyzucker fällt die Säure aus der weingeistigen Lösung in brauner Verbindung, die Base bleibt, indem man noch durch Zusatz von Bleyextrakt einen Theil rückständiger Farbensäure abgeschieden hat, in gelbgefärbter Lösung zurück und kann durch Wasser gefällt werden. Die Säuren und Basen beyder Farbsalze wurden behufs der Prüfungen gegen Reagentien wie die Farben in (90°) Weingeist in einem Verhältniß von $1 : 4 \times 60 = 240$ gelöst. Diese Farbenbestandtheile werden ausgedrückt wie die Farben, aber mit Anhängung der den sauren oder basischen Charakter ausdrückenden Bezeichnung: a (= acidum) b (= basis), z. B.

P. rh. Rhei a^2 bezeichnet die Rhabarberfarbensäure, und

P. rh. Amom. curc. b^2 die Curcumafarbenbase.

§. 23.

1. Charakteristik des Basischen und Sauren der Curcumafarbe.

Reagentien	P. rh. Amom. curc. [a2] (die Farbensäure)	P. rh. Amom. curc. [b2] (die Farbenbase.)
Sensuelle Reag.		
Geschmack	geschmacklos	besitzt jenen oben von der Farbe angemerkten Geschmack, aber nicht in so hohem Grade *).
Geruch	geruchlos	riecht wie die unzerlegte Farbe, nur schwächer **).
Gesicht (Färbung)	schönes glänzendes Goldgelb, (die geistige Lösung schillert nicht)	reines Blaßgelb; die geistige Lösung schillert mit meergrüner Farbe.
Getast (Formung)	trocken, in Schuppen sich ablösen lassend	trocken, beym Erwärmen erweichend.
Pflänzliche Reag.		
Jod	Bräunung wie bey der Farbe	—
Mineralische Reag.		
Laugen:		
Kali	dunkel-orange Färbung	schwache Bräunung.
Ammon	gleichfalls, nur noch dunkler. Beym Erwärmen verschwindet diese Färbung wie oben und kommt durch Ammonzusatz wieder zum Vorschein	gleichfalls. Verhält sich beym Erwärmen ꝛc. wie die Säure.

*) **) Beydes läßt vermuthen, daß der auffallende Geruch und Geschmack weder der Base noch der Farbe überhaupt wesentlich sey, sondern vielmehr von einem Beygemischtseyn des Salzes oder der Base 1ter Klasse der Curcumawurzel (welche wirklich so unangenehm riechen und schmecken) zuzuschreiben sey. — Ueberhaupt sind wir der festen Ueberzeugung, daß kein intensiv gefärbter pflänzlicher Stoff eine vorwaltend dynamische Qualität entwickeln könne, weil er alles aufs Aeußere, die Farbe, zu wenden hat.

Reagentien	P. rh. Amom. curc. a²	P. rh. Amom. curc. b²
Säuren:		
Schwefelsäure (concentr)	schöne purpurne Färbung	schmutzige Bräunung.
Salzsäure	Bräunung	———
Salpetersäure	Bräunung, beym Erwärmen sich mehrend	———
Boraxsäure	intensiv goldgelbe Färbung	———
Salze:		
Kohlensäure / Kali	dunkelblutrothe Färbung	gelbliche Bräunung.
Kohlensäure / Ammon	gelbe Bräunung	wie beym kohlens. Kali, aber schwächer.
Essigsäure / Kali	bedeutende Bräunung mit orange gemischt	keine Aenderung.
Essigsäure / Natron	wie oben	keine Aenderung.
Essigsäure / Ammon	ein Stich ins Braune	keine Aenderung.
Essigsäure / Kalk	———	———
Essigsäure / Talk	———	———
Essigsäure / Baryt	ein Stich ins Braune	———
Essigsäure / Bley	starke orangefarbene Fällung	———
Essigsäure / Queck oxydul	beträchtlicher blaßgelber Nschl.	———
Essigsäure / Zink	Trübung und schwache Bräunung	———

§. 24.

Abgesehen davon, daß sich aus diesen Reaktionen die specifische Verschiedenheit der beyden Curcumabestandtheile, was namentlich in ihrem Verhalten gegen die Laugen, die Schwefel- und Boraxsäure, gegen Bley und Jod sich hervorthut — sehr augenscheinlich ergiebt, sind sie nun Bestätigungen für das früher Behauptete, indem beyde Stoffe getrennt dem Wesentlichen nach eben so agiren wie (als Farbe) verbunden. Denn überall, wo in den Salzen durch die Curcumafarbensäure Niederschläge entstehen (beym Bley, Quecks. Zink), bewirkt die Base keine Fällung, das, was also oben (§. 21.) als Resultat der doppelten Wahlverwandtschaft sich zusammen ergab als „Niederschlag und gefärbte überstehende Flüssigkeit", das tritt hier geschieden wieder auf.

Dennoch ist die Farbenbase nicht ganz indifferent. Sie tritt, wie jeder Naturkörper nur durch Anforderung eines bestimmten andern Körpers seine bestimmten Eigenschaften äußern kann, auch mit amphoteren Charakter auf und verhält sich auch unter Umständen sauer, ebenso wie sie sich in den obigen Versuchen (§. 20.) basisch verhielt. Dies findet z. B. statt beym Erwärmen der Farbenbase mit frisch gefällten oder mit Wasser angeteigten Basen und basischen Salzen. Talk- und Kalkmilch, kohlensaurer Talk *), basisch schwefelsaurer Thon, kohlensaures Zink **) 2c. geben damit unter Erwärmung und Abdampfen intensiver gefärbte Verbindungen als sie selbst gefärbt ist, die weder

*) **) Die Kohlensäure wird hier nicht ausgetrieben, so daß hier Doppelsalze entstehen.

durch Weingeist noch Wasser zerlegt werden können. Diese Verbindungsfähigkeit der Farbenbase mit andern Basen ꝛc. erklärt nun auch das Verhalten des Kali und Ammons gegen sie (vergl. die obige Tabelle). Auch hier entwickelt sie durch die kalische und ammoniakalische Anforderung, Säurequalität und giebt dann = der Farbensäure gefärbte Verbindungen, nur schwächer gefärbt.

§. 25.

Die Farbensäure obwohl in den meisten Fällen sauer auftretend, und sich auch mit den schwer- oder unlöslichen Basen und basischen Salzen (Talk, Kalk, Thon ꝛc.) zu sehr gefärbten Verbindungen vereinigend, bequemt sich dennoch der Einwirkung starker begeisterter, saurer Faktoren, ihnen mit basischer Qualität entgegen kommend. Dies scheint beym Verhalten der Farbensäure gegen Salz- und Boraxsäure der Fall zu seyn. Denn einer Zerstörung ist hier diese Färbung nicht zuzuschreiben, da die Farbensäure durch vorsichtiges Zusetzen von Kali sich wieder abscheiden läßt. Die frappanten Erscheinungen mit der concentrirten Schwefelsäure (die unsers Wissens Vogel zuerst bey der Curcumafarbe bemerkte) sind ohne Zweifel mit der Zernichtung der Farbensäure verknüpft, die sich, sterbend den Säuretod, in ein purpurnes Gewand hüllt.

Daß übrigens das Bräunen der Curcumafarbe durch essigsaure Salze nicht von freyer Base abhängt, ist mit den obigen Reaktionen auch noch bewiesen, indem die Farbenbase, die durch Kali und Ammon gebräunet wird (also ein Reagens für Basicität abgiebt) unverändert bleibt durch alle essigsauren Salze, die die Farbensäure bräunen.

Im Ganzen ist hier das Bräunen der Farbensäure durch die essigsauren Salze nicht so stark wie bey der Farbe (§. 20.), was sich daraus erklärt, daß hier (beym Nichtdaseyn der Farbenbase) die, jede Zerlegung erleichternde, doppelte Wahlverwandtschaft wegfällt.

§. 26.

2. Charakteristik des Basischen und Sauren der Rhabarberfarbe.

Reagentien	P. rh. Rhei a² (Farbensäure)	P. rh. Rhei b² (Farbenbase.)
Sensuelle Reag.		
Geschmack	fast geschmacklos	geschmacklos.
Geruch	geruchlos	geruchlos.
Gesicht (Färbung)	braun	reines Gelb.
Getast (Formung)	fest, zusammenhängend	pulverig.
Mineralische Reag.		
Laugen:		
Kali	brauner, sich schnell absetzender Nschl.	schöne kirschrothe Färbung; o Nschl.
Ammon	Bräunung (die beym Erwärmen wieder schwindet)	intensive gelbrothe Färbung; wird durch Erwärmen entfärbt, durch Ammon wieder gefärbt und so fort (wie oben).
Säuren:	nichts Bemerkenswerthes.	
Salze:		
Kohlensäure / Kali	braunrothe Färbung und Fällung	schönes Kirschroth; kein Nschl.
Kohlensäure / Ammon	Bräunung	schmutzige orange Färbung.
Essigsäure / Kali	graubrauner Nschl.	bedeutende ins Rothe sich ziehende Bräunung.

Reagentien	P. rh. Rhei a² (Farbensäure)	P. rh. Rhei b² (Farbenbase)
Essigsäure / Natron	graubrauner Nschl.	bedeutende, ins Rothe sich ziehende Bräunung.
Essigsäure / Ammon	———	schwache Bräunung.
Essigsäure / Kalk	graubrauner Nschl.	bedeutende Bräunung.
Essigsäure / Baryt	graubrauner Nschl.	merkliche Bräunung.
Essigsäure / Talk	geringer, grauer Nschl.	roth = orange Färbung (fast so intensiv wie bey kohlens. Kali, nur mehr ins orange spielend.)
Essigsäure / Bley	beträchtlicher brauner Nschl.	weder Färbung noch Fällung.
Essigsäure / Quecks. oxydul	beträchtlicher brauner Nschl.	gelber Nschl.
Essigsäure / Zink	graubrauner Nschl.	Bräunung.

§. 27.

Auch hier tritt dieselbe Verschiedenheit zwischen dem Sauren und Basischen auf wie bey denen der Curcumafarbe, nur mit dem Unterschiede, daß hier die Farbenbase das vorwaltend farbig Reagirende ist, wie das die Wirkungen gegen die Laugen und mehrere essigsaure Salze beweisen. Am merkwürdigsten ist hier das Verhalten gegen den essigsauren Talk (Magnesia acetica), der mit der Farbenbase eine Rothbräunung hervorbringt, als wenn er freyes Alkali enthielte. Daß dies nicht der Fall ist zeigt einmal das Verhalten dieses Salzes gegen die Curcumafarbe und ihre Bestandtheile (§. 20. und 23.), die keine Farbenänderung erleiden (die auf freyes Alkali deuten könnten), dann das Nichtverändertwerden des Rhabarberpapiers durch die wässerige Lösung (so lange es noch feucht ist), und endlich drittens, was allen Glauben an hier im Spiel seyender freyer Base niederschlägt, selbst das Braunwerden dieser Farbe mit Bittersalz (Magn. sulph.), wovon man sich leicht überzeugt, wenn man beyde Lösungen erwärmt. Daß diese so wie alle andern Färbungen, welche die Base mit Reagentien hervorbringt, wirklich chemische Verbindungen (Salze) seyen, die auf eigne Weise das Licht polarisirend (eigenthümlich gefärbt erscheinend), sich darstellen, leidet nun nach demjenigen, was schon oben (§. 24. u. 25.) gesagt worden, keinen Zweifel mehr; jedoch wollen wir diese Ansicht auch hier durch beyzubringende Thatsachen, die an die obigen sich anschließen, zur Gewißheit erheben. Dort schon ergab sich die Curcumafarbenbase als eine amphotere Substanz, die unter Umständen auch als Säure auftrat (§. 24.). Mit der Rhabarberfarbenbase hat es eine ganz ähnliche Bewandtniß. Mit Talk- und Kalkmilch, kohlensaurem Talk, kohlensaurem Zinkoxyd 2c. bildet auch sie beym Erwärmen mit denselben schön und intensiv gefärbte Verbindungen, die weder durch Weingeist noch Wasser, wohl aber durch Säuren zerlegbar sind. Daß die eigenthümliche kirschrothe Färbung dieser Farbenbase mit Kali, Ammon 2c. keine wirkliche Zersetzung, sondern eine chemische Verbindung sey, die wie alle Verbindungen eigenthümliche, in diesem Falle auffallende Farbenerscheinungen kund giebt, ergiebt sich schon aus der Analogie mit dem eben Angeführten und dann aus dem Verhalten des Ammons gegen diese Farbe, das durch Wärme ausgetrieben (verflüchtigt) die Farbe im ursprünglichen Zustande zurückläßt, und bey einem neuen Zusatz von Ammon die frühern Farbenerscheinungen in derselben Weise wiederholt.

Ueber die Rhabarberfarbensäure ist wenig zu sagen. Ihre schmutzig braunen Niederschläge und braunen Färbungen, die sie mit Laugen 2c. giebt, erklärt es, woher beym Zusammenbringen der Rhabarberfarbe (des Aufgusses 2c.) mit Laugen stets eine rothbraune Färbung zum Vorschein kam: sie trat als das Trübende, Bräunende der rothen Farbe der Base auf.

§. 28.

Wenn man durch die Farbenveränderungen, welche die Curcuma- und Rhabarberfarbe mit einigen essigsauren Salzen geben, einmal auf eine Bräunung durch dieselben gefaßt ist (also gleichsam weiß, was man finden muß und die Aufmerksamkeit sich dadurch schärft), so kann man auch dieselben Reaktionen am gefärbten Papier, das man in die wässerigen Lösungen essigsaurer Salze taucht, wahrnehmen, man muß sie nur trokken werden lassen, es sind dann Bräunungen unverkennbar, obwohl sich, so lange sie noch feucht sind, nichts bemerken läßt. Es scheint hier wie mit vielen andern Verbindungen zu gehen, die erst dann vollkommen zu Stande kommen, wenn der Cohärismus durch Entfernung des expandirenden Faktors (hier des Wassers) die Oberhand gewinnt, wenigstens beruht das Anhaften der Kieselgallerte und anderer Hydrate beym Trokkenwerden in Berührung mit Glas, Porzellan 2c. auf demselben Grunde, es ist eine durch Entfernung des Wassers vor sich gehende Verbindung, und keineswegs ein mechanisches Ankleben, was überhaupt nirgend existirt, weil alles mit Lebendigkeit um sich wirkt, es mag dem Beobachter auch todt erscheinen. —

§. 29.

Mit der Nachweisung, daß das Bräunen und Röthen beyder Farben ꝛc. das Eingehen derselben in neue Verbindungen ist, ist nun auch für die Phytochemie die wichtige Regel gewonnen: daß man über die Basicität einer noch problematischen Pflanzenbase nicht unbedingt aus ihrem Verhalten gegen die Pigmente entscheiden könne, indem die Bräunung ꝛc. durch dieselben, von zwey nicht immer eintretenden Umständen abhängt, 1) davon: daß die Pflanzenbase sich mit der Farbe oder einem ihrer Bestandtheile verbinde, und 2) daß diese Verbindung eine braungefärbte sey. Das Verhalten der Pigmente gegen die Pflanzenbasen ist in anderer Hinsicht wichtig, allein es hört auf, ein untrügliches Reagens für den basischen Charakter zu seyn, der ja überhaupt nur wie alles, was man Eigenschaften nennt, ein Relatives ist, das nur in Bezug auf ein anderes in die Erscheinung tritt. — Die ganze bewußtlose Natur ist die verkörperte Selbstsucht und Heucheley. Ein jedes Ding in ihr bequemt sich den Umständen, hängt (um es recht deutlich auszusprechen) den Mantel nach dem Winde: eine Base, z. B. Bleyoxyd, tritt mit saurer Qualität auf, wenn ihr ein Körper mit saurer Anforderung z. B. Kalk entgegentritt und umgekehrt heuchelt derselbe Stoff einen basischen Charakter, wenn ein anderer es wünscht und eine basische Anforderung macht, z. B. dasselbe Bleyoxyd in Contakt mit Schwefelsäure.

§. 30.

Mittelst der Zerlegung dieser beyden Farben in den basischen und sauren Pol ist nun auch die Hoffnung zur Nachweisung eines ähnlichen polaren Zerfallens aller anderer Pflanzenfarben und damit der Beweis der Nichtexistenz eines s. g. farbigen Extraktivstoffs gegeben. Mehrere hierauf hindeutende Erscheinungen haben sich uns schon bey vorläufigen Versuchen dargestellt, so ist z. B. die Safran-, Fernambuck-, Blauholz-, Rhamnus- *) ꝛc. Farbe in solche Pole zerlegbar, wie das künftig dargethan werden soll. Ueberhaupt ist eine Untersuchung aller Pflanzenfarben auch für die Oryktochemie von der größten Wichtigkeit, indem wir der festen Ueberzeugung sind, daß sie noch einmal sehr brauchbare Reagentien für Mineralsalze abgeben, dergestalt, daß man durch das Verhalten einer bestimmten Farbe gegen ein bestimmtes Salz die Natur des Salzes wird angeben können, ohne daß man eine Analyse anstellt; weil die Farben eine so große Neigung haben, namentlich mit unlöslichen Mineralsalzen s. g. Tripelverbindungen einzugehen, die bey gleicher Base, aber bey verschiedener Säure oft schon sehr verschieden gefärbte Verbindungen geben, eben weil das Salz hier als ein Ganzes gegen die Farbe auftritt. Aber auch für lösliche Salze und ihre Pole sind sie als Reagentien brauchbar. So könnte z. B. die oben charakterisirte Rhabarberfarbenbase dazu dienen, ein Talksalz von jedem andern Salze

*) Von der Rhamnusfarbe soll bald die Rede seyn, weil sich die von Pelletier und Vogel beobachteten, aber nicht erklärten Erscheinungen im Verhalten gegen Laugen und Salze, ganz ungezwungen an die obigen anreihen und durch sie ihre Erklärung finden. Auch der Lackmus wird dort als ein farbensaures Salz (was auch schon Mehrere ausgesprochen, aber nicht erwiesen haben) gewürdigt werden.

auf der Stelle zu unterscheiden, indem diese Farbe sogar der Schwefelsäure (im Bittersalz) den Talk, wenn nicht ganz, doch zum Theil entzieht (§. 27.) — Es ist an sich klar, daß dies alles bis jetzt noch wenig Werth hat, weil die durchgreifenden Untersuchungen mangeln, und man daher nicht vor Irrthümern gesichert ist.

§. 31.

Wir können unsern Farbengegenstand nicht verlassen, ohne einen Blick rückwärts ins Geschichtliche zu thun. Kein Zweig der Phytochemie ist mehr bearbeitet worden als dieser, aber auch nirgend sieht es in Hinsicht auf eine wissenschaftliche Theorie in Vergleich mit der Unzahl von Thatsachen düsterer aus als hier, denn eine wissenschaftliche Begründung der Färberey fehlt noch ganz, weil man in den gefärbten Verbindungen den Salzcharakter verkannte. Mit der Erkennung der Farben als Salze ist dies alles gegeben und hier möge Döbereiners Nachweisung mehrerer Farben als solche Verbindungen: bestehend aus basischem und saurem Pol (z. B. des Krapps, des Saflors) *) die ihr gebührende Anerkennung finden, da derselbe unsers Wissens der Erste ist, der diese folgenreiche Ansicht schuf und durch Thatsachen ins Leben brachte. Das obige möge daher dieser Forscher als eine fernere Bestätigung seiner Ansichten ansehen.

§. 32.

Nach dieser Abschweifung ins Gebiet der Farben kommen wir nun zu einem andern eben so vielfältig angewendeten Reagens, dessen Bestandtheile eben so we-

*) J. W. Döbereiner Grundriß der allgemeinen Chemie, zweite Auflage. Jena 1819. p. 357. und Schweigger Journal, 26ster Bd. 3tes Heft. Nürnb. 1819. p. 266 f.

nig bekannt und dessen Reaktionen eben so wenig wissenschaftlich erörtert sind, es ist die Galläpfeltinktur. Denn diese gewöhnlich mit 70° — 80° Weingeist bereitete Tinktur kann gar vieles enthalten, was als die Reaktionen trübend und störend auftritt. Eine reine Darstellung desjenigen, was als das vorwaltend Thätige bey den Prüfungen in ihr erscheint, war daher Haupterforderniß, um eine nähere Untersuchung einzuleiten. Die letztere soll hier jedoch jetzt nicht (was nur bey der Widerlegung eines Gerbstoffs geschehen kann) ausführlich gegeben werden, indem wir uns hier darauf beschränken, die Darstellung eines reinen Gerbsalzes aus den Galläpfeln zu beschreiben und dieses im Allgemeinen zu charakterisiren, um solchergestalt einen Anknüpfungspunkt für die Einführung mehrerer Gerbsalze in die Pflanzenchemie als Reagenzien zu erhalten. Die Annahme eines adstringirenden oder Gerbstoffs hat bis dahin den Gedanken an die Anwendung mehrerer solcher Stoffe aus verschiedenen Pflanzen nicht aufkommen lassen, weil man sie „Gerbstoff" nennend, eben nicht für verschieden hielt, und obwohl man einen Eisengrünenden und einen Eisenbläuenden Gerbstoff unterschied, so kam man doch nicht darauf, neben dem Eisenbläuenden (der Gallustinktur) auch einen Eisengrünenden als Reagens anzuwenden, was doch wenigstens consequent gewesen wäre.

Da nun weder das Eisensalze Bläuende noch das dieselben Grünende aus (botanisch) verschiedenen Pflanzen durch Versuche und Thatsachen als identisch seyend, erwiesen ist, sondern die ganze Annahme dieser beyden durch eine große Anzahl von Pflanzen verbreitet seyn

sollen=

sollenden Stoffe auf die oberflächliche Beurtheilung nach der Färbung durch Eisensalze beruht, und eine genaue Untersuchung dieser Stoffe so wie eine gewissenhafte Vergleichung ihres Verhaltens gerade das Gegentheil, nemlich die größte Verschiedenheit derselben unter einander nicht verkennen läßt, so haben wir es aus vielfachen Gründen für die Pflanzenchemie ersprießlich gefunden, eine Menge dieser Stoffe darzustellen und als Reagentien anzuwenden. Einmal war dies wichtig wegen der nähern Kenntniß dieser Stoffe selbst, die noch gänzlich im Dunkeln ist, indem ja jedes Reagens zugleich ein Agens, und jedes Erforschende zugleich selbst ein Erforschtwerdendes ist, so daß ihr Charakterisiren anderer Stoffe zugleich ihre eigene Charakteristik giebt. Zweytens leisteten sie uns die größte Hülfe bey der Unzahl eigenthümlicher, verschiedener Pflanzenbasen, welche uns bey der Untersuchung s. g. Extractivstoffhaltiger Pflanzen aufstießen. Das eine Gerbsalz fällte z. B. diese Base, dagegen jene nicht, und so war zwischen beyden schon ein Unterschied aufgefunden. —

§. 33.

Schon oben (p. 184.) haben wir Beyspiels halber des Gerbsalzes aus der Tormentilla erwähnt, das, durch Wasser in Verein mit andern (Tormentill-) Salzen in Extraktform dargestellt, sich durch Zerreiben mit Schwerspat mittelst Aether ausziehen läßt. Bey dem wässerigen Galläpfelextrakt findet dasselbe unter denselben Umständen in noch weit größerem Maße statt, so daß dieses Gerbsalz als äußerst leicht in Aether löslich, durch denselben im reinen Zustande erhalten werden kann. Wir wandten aber zu seiner Darstellung aus den (im IV. Cap.) entwickelten Gründen nicht das wässerige Extrakt, sondern gleich von vorne herein die gepulverten Galläpfel an. Dasselbe geschah auch bey Darstellung der übrigen anzuführenden Gerbsalze. Im Ganzen war dabey das Verfahren, weil der Extraktionsapparat hier sehr zweckmäßig seine Anwendung fand, ziemlich gleich und es brauchen daher nur wenige Einzelheiten angemerkt zu werden (die sich vorzüglich auf die verschiedene Lösbarkeit der Gerbsalze in Aether beziehen (indem manche im Aether nur in geringer Menge lösliche einen Zusatz von Alkohol nöthig machten), wobey wir uns, da es für die Zukunft noch eine Unzahl zu beschreibender Analysen geben wird, zur Vermeidung alles überflüssigen Geredes, einer aphoristischen, aber verständlichen Schreibart bedienen, alles das weglassend, was sich von selbst versteht, z. B. die Anwendung reinen destillirten Wassers, eines „saubern" Abdampfschälchens, einer „genauen" Wage, einer „gelinden Verdunstungswärme", eines „reinen Filtrirpapiers", eines „sorgfältigen Aussüßens" rc. rc. Auch übergehen wir, da es uns hier nicht um die Auffindung des wahren Verhältnisses der s. g. Gallussäure zum s. g. Gerbstoff zu thun seyn kann, alles auf diese Bestrebungen Bezug habende Geschichtliche, und wenden uns sogleich zur Beschreibung der Darstellung eines, wie wir glauben, reinen Gerbsalzes aus den Galläpfeln, dessen wässerige oder geistige Lösung in Zukunft statt der Gallustinktur anzuwenden ist.

Gallae turticae.

§. 34.

Extrahire mittelst des Extraktionsapparats Galläpfelpulver mit Aether. — Klare, grüngelbe Lösung, die verdunstet eine grünlich-gelbe, glänzende, trocken bleibende, sich in Blättchen ablösende Substanz hinterläßt, die Wasser mit Zurücklassung eines grünlichen Stoffs (eines Gallussalzes 2ter Kl.) löst. Diese wässerige Lösung verdunste und nimm den Rückstand in Alkohol in einem Verh. = 1 : 60 auf und bewahre solches als Reagens mit der Bezeichnung:

Gall. tart. / .... 1. d. h. Galläpfelsalz *) erster Klasse.

Quercus robur.

§. 35.

Den von der äußern, grauen Rinde befreyeten Bast, junger, vor dem Blattwuchs geschnittener Reiser, extrahire mit einem Gemisch von Aether und Alkohol (= 8 : 2), weil dieses Gerbsalz in viel geringerer Menge in Aether löslich ist als obiges. Grünliche Lösung, verdunstet, 2 Stoffe hinterlassend, wovon Wasser den einen aufnimmt, der sich auch in Alkohol löst, und mit letztern = 1 : 60 verbunden, als Reagens aufgehoben wird, unter dem Namen:

P. st. bib. Querc. rob. / .... 1. d. h. Salz aus dem Krautstengelbast der Eiche.

Arbutus uva ursi.

§. 36.

Die Blätter der Bärentraube mit Aether im Extraktionsapparat behandelt, geben eine sehr concen-

*) Der Beweis, daß diese Stoffe Zusammensetzungen aus Base und Säure seyen, kann erst in Zukunft bey den dem „Gerbstoff" gewidmeten Untersuchungen geführt werden; jedoch wird sich hierüber unten, in der tabellarischen Uebersicht der Reaktionsversuche schon manches ergeben.

trirte, dunkelgrüne Lösung und verdunstet einen eben so gefärbten Rückstand, aus welchem Wasser in grüngefärbter Lösung das das salzsaure Eisenoxyd blauende Gerbsalz aufnimmt. Diese ihm nicht wesentliche grüne Farbe scheide durch Schütteln des mit Wasser und Schwerspath zu einem Brey zerriebenen Salzes mit Aether. Der Aether nimmt, oben schwimmend, die grüne Farbe und das Gerbsalz auf, die nun leicht durch Wasser zu scheiden sind, indem ein, beyder Verbindung vermittelnder Stoff vom wässerigen Schwerspatbrey zurück gehalten wird. Die wässerige Lösung dieses Gerbsalzes kristallisirt beym langsamen Verdunsten in nadelförmigen Gruppirungen, die durch öfteres Lösen und Kristallisiren ganz von der grünen Farbe zu befreyen sind. Die alkoholische Lösung wird in einem Verh. = 1 : 60 aufbewahrt und ihr Gehalt heißt

P. phy. $\frac{\text{Arbut. uv. ur.}}{\text{. . . . .}}$ 1. oder Blattsalz 1ter Kl. aus der Bärentraube.

Eugenia caryophyllata.

§. 37.

Die von den Blütenknospen und Kelchen befreyeten Fruchtböden behandle erst mit Aether, der in gelbgefärbter Lösung eine große Menge ätherischen Oehls in Verbindung mit einem s. g. Harze (Salze 2ter Kl.) und eine geringe Menge des gerbenden, durch Wasser abscheidbaren Salzes auszieht. Hierauf extrahire diese Gewürznelken mit Aether + Alkohol in einem Verh. = 3 : 2 (wegen der geringen Lösbarkeit dieses Gerbsalzes in Aether) verdunste, und trenne aus dem Rückstand durch Wasser dieses Gerbsalz vom Oehl ꝛc., das, die wässerige salzsaure Eisenlösung anfänglich grünend und gleich darauf braun-schwärzend, sich leicht in Alkohol löst und folgende Bezeichnung bekommt:

$$\mathrm{A.\ rh.\ xy^{*})}\frac{\text{Eugen. caryo.}}{\cdots\cdots\cdots},$$ d. i. Fruchtbodensalz aus den Gewürznelken.

R h e u m.

§. 38.

Das Gerbsalz aus der Rhabarber wird bey der oben (§. 17.) beschriebenen Darstellung der Rhabarberfarbe durch Extrahiren des Pulv. rhei opt. mit Aether gleichzeitig mit der Farbe erhalten nnd ist mit Wasser von derselben zu trennen. Es behält aber noch immer einen Theil der Farbe zurück, den man dadurch abscheidet, daß man dieses Salz in Aether löst und diese ätherische Lösung mit dem vierten Theil Wasser schüttelt. Das Wasser nimmt das Gerbsalz auf und die Farbe bleibt mit dem oben schwimmenden Aether verbunden. Stellt eine braungefärbte, trockne, nicht kristallisirende Substanz dar, die wegen ihrer Lösbarkeit in Alkohol Aether und Wasser zu den Salzen 1ter Kl. gehört und so gezeichnet wird:

$$\mathrm{P.\ rh.}\frac{\text{Rhei}}{\cdots\cdots}\mathrm{1.}$$: Salz 1ter Kl. aus der Rhabarberwurzel.

C a t e c h u.

§. 39.

Aether nimmt von der Catechu in großer Menge auf, damit eine weingelbe Lösung darstellend, die ein

*) Man erinnere sich hier, daß dem Fruchtboden als dem ersten, niedersten Organ des Blütenwurzelsystems (Antho-rhiza) Wurzel- und Holzbedeutung, also die Benennung: Antho-rhizo-xylon vindizirt wurde (vergl. Cap. III. §. 66.)

weißes kristallisirendes Salz 1ter Kl. enthält, das sich durch Lösen des ätherischen Extrakts in heißem Wasser beym Erkalten in den verschiedensten Gruppirungen ablagert. Durch mehrmaliges Lösen, des Aethers und Alkohols und Kristallisiren bekommt man es ganz weiß. Es löst sich viel leichter in Aether und Alkohol als im Wasser, wovon es an 400 Theile erfordert. Die sonstigen charakteristischen Eigenschaften siehe unten. Die Bezeichnung dieses Salzes ist wegen Mangel an Nachrichten, aus welchem Pflanzentheil die Catechu bereitet wird, nur allgemein zu geben, wir nennen es daher vorläufig:

Acaciae Catechu 1.

Anm. Nach der Farblosigkeit dieses Gerbsalzes zu urtheilen, ist es wahrscheinlich, daß den andern die mehr oder minder starke Farbe nicht wesentlich ist. Vielleicht wären sie durch Thierkohle zu entfärben, da diese aber offenbar analog dem Halogen und dem Jod, wenn auch nicht so stark wirkt, so unterließen wir dies, um diese Reagentien nicht zu verändern.

Kino.

§. 40.

Mit Alkohol giebt Kino eine dunkelbraunrothe Lösung; eine Färbung, die auch nach dem Verdunsten nicht ganz durch Wasser geschieden werden kann. Nimmt man dagegen Aether, so bekommt man einen grünlich-gelben Auszug, der wenige Spuren der rothen Farbe enthält, und aus dessen Rückstand nach dem Verdunsten des Aethers Wasser das Kinosalz 1ter Kl. aufnimmt. Das durch öfteres Verdunsten und Wiederlösen sich bräunt und bey längerer Ruhe kleine spießige Kristalle absetzt.

Crameria triandra.

§. 41.

Rinde und Splint der Ratanhiawurzel (weil beyde schwer zu trennen) wurden mit Aether ausgezogen. Schöne rosenrothe Losung. Nach dem Verdunsten des Aethers braunroth. Wasser löst hiervon einen großen Theil mit rother Farbe, die man durch öfteres Verdunsten und Wiederlösen zum Theil, aber nicht ganz abscheiden kann. Ist auch in Alkohol sehr leicht löslich, bekommt daher den Rang eines Salzes 1ter Kl. mit folgender Bezeichnung:

$$\text{P. rh. phlo et bib.} \frac{\text{Cramer. tri.}}{\text{.........}} \text{1.}$$

Salix fragilis.

§. 42.

Der von der braunen Rinde befreyte Bast einjähriger vor dem Blattwuchs geschnittener Weidenreiser giebt, mit Aether extrahirt, einen grünlichen Auszug, der nur sehr wenig von dem Eisen-grünenden Gerbsalze enthält. Man wendet daher ein Gemisch von Aether mit Alkohol in einem Verh. = 3:2 zu seiner Darstellung an. Die wässerige Lösung des ätherischen Rückstands ist fast farblos, wird aber beym Verdunsten braun und hat den eigenthümlichen Weidenrindengeruch. Die Bezeichnung dieses Salzes ist:

$\text{P. st. bib.} \frac{\text{Salix frag.}}{\text{........}} \text{1.}$ oder Krautstengelbast-Salz aus der Bruchweide.

Vitis vinifera.

§. 43.

Die Samen einer blauen, im märkischen Sande gewachsenen Varietät wurden vorsichtig gereinigt und gepulvert mit Aether im Extraktionsapparat behandelt. Der erste Auszug war zum grössten Theil fettes Oehl, der zweyte aber enthielt das Gerbsalz in großer Menge, das aus der wässerigen Lösung sehr leicht in kleinen Kristallen anschießt, die man durch wiederholtes Lösen und Kristallisiren ganz weiß erhält. Dieser Stoff nennt sich seiner Abstammung nach:

$$\text{S.}\ \frac{\text{Vitis vinif.}}{\cdots\cdots\cdots}\ \text{1.}$$ d. i. Weinsämensalz.

Punica granatum.

§. 44.

Die gepulverten Granatäpfelschalen werden wie alle vorhergehenden Pflanzentheile mit Aether behandelt. Blaßgelbe Lösung und eben so gefärbter Rückstand nach dem Verdunsten aus dem Wasser das Gerbsalz aufnimmt, das folgendermaßen von andern unterschieden wird:

$$\text{C. phy*)}\ \frac{\text{Punic. granat.}}{\cdots\cdots\cdots}\ \text{1.}$$

Tormentilla erecta.

§. 45.

Pulv. rad. Torment. extrahire mit Aether. Blaßgelbe Lösung. Aus dem verdunsteten gelblichen Rückstande nimmt Wasser mit Hinterlassung eines gelblichen Stoffs (Salzes 2ter Kl.) das die Eisensalze grünende Tormentillsalz 1ter Kl. auf, welches trocken oder in Alkohol gelöst, als Reagens aufzubewahren ist.

---

*) Man bemerke hier, daß der Schale, als dem Laubbedeutenden der Frucht, der Name Carpo-phyllon (= C. phy.) zukommt (vergl. Cap. II. §. 26. p. 60.)

§. 46.

Wir könnten hier nun noch mehrere Gerbsalze aufführen, die wir dargestellt und zur Charakteristik der bey der Widerlegung der Annahme eines Extraktivstoffs aufgefundenen Pflanzenbasen angewendet haben, wenn, was aus Mangel an Raum jetzt nicht geschehen kann, die Extraktivstoffabhandlung noch dieser Lieferung einverleibt würde. Da dies nun nicht geschieht, und dieselbe erst in der dritten Lieferung ihre Stelle findet, so ersparen wir auch die Angabe der Darstellung rc. mehrerer als Reagentien anzuwendender Gerbsalze bis dahin, und wollen nur jetzt noch in tabellarischer Form das Verhalten der zwölf beschriebenen Gerbsalze gegen einige Mineral- und Pflanzensalze aufführen, woraus sich sehr deutlich ihre auffallende Verschiedenheit ergiebt, die das Verfahren rechtfertigt, die ihnen beygelegte Benennung Gerbstoff zu tilgen und jedes als ein eigenthümliches, mit dem Namen seines Fundorts bezeichnetes, hinzustellen. Bevor wir aber an die Darstellung der Reaktionsversuche gehen, ist hier etwas über die genaue Beachtung des Quantums der aufeinanderwirkenden Stoffe (Agens und Reagens) zu sagen.

§. 47.

Die Berücksichtigung dieses quantitativen Verhältnisses des prüfenden Stoffs zum geprüftwerdenden ist ein von allen Pflanzenanalytikern außer Acht gelassener Umstand. Man hat sich die Mühe gegeben, mit großer Genauigkeit das Quantum der durch die Lösungsmittel rc. dargestellten „nähern Pflanzenbestandtheile" auszumitteln und darüber die für den Augenblick viel wichtigere und für die individuelle Charakteristik des Stoffs höchst nothwendige Beachtung des Wieviel von dem auf ihm einwirkenden Stoff (Reagens) vergessen. Schon früher (erste Liefer. p. 59) wurde hierauf aufmerksam gemacht und bemerkt, daß wir in Zukunft Agens und Reagens im Allgemeinen zu gleichen Theilen mit einander in Contakt bringen, und zu dem Ende die Agentien und Reagentien in einem Verh. = 1 : 8 in Wasser ꝛc. gelöst anwenden würden. Spätere, vielfältig angestellte Reaktionsversuche haben uns jedoch bestimmt, dies Verh. zu einem = 1 : 60 abzuändern, weil es nur bey einer solchen Verdünnung möglich ist, die Erscheinungen des Niederschlagens, Färbens ꝛc. gehörig zu beobachten, und was sehr wichtig ist, mit kleinen Mengen zu arbeiten. Es sind daher alle unsere mineralischen, pflänzlichen und thierischen Reagentien, wo es anging, in einem Verh. = 1 : 60 in Alkohol, Aether oder Wasser gelöst und es werden bey den Reaktionsversuchen für gewöhnlich gleiche Theile derselben mit dem gleichfalls in diesem Verhältniß gelösten, zu prüfenden Stoff in Berührung gebracht, was wir diejenigen zu beachten bitten, die unsere Versuche ꝛc. auf experimentellem Wege prüfen wollen. Wo daher in der tabellarischen Darstellung der Reaktionsversuche nichts angemerkt ist, da ist diese Vorschrift befolgt, die aber bey vielen s. g. schwerlöslichen Salzen, z. B. beym Gyps, Kalk, schwefelsauren Silber übertreten werden mußte, wobey wir jedoch das Normalverhältniß = 1 : 60 vor Augen behaltend, stets das Verhältniß des Lösungsmittels so wählten, daß es ein Multiplum von 60 war, um sogleich zu wissen, wieviel von einer verdünnteren Salzlösung hinzuzusetzen sey, um dennoch gleiche Theile, wenn auch unter Mitwirkung von etwas mehr Wasser, Alkohol ꝛc. in

Conflikt zu bringen. So wurde z. B. der Kalk mit Wasser in einem Verh. = 1 : 600 gelöst angewendet, denn da 600 = 10 × 60 ist, so hat man auf einen Theil der Lösung eines Stoffs im Normalverhältniß (= 1 : 60) 1 × 10 von der Kalklösung zu nehmen, um gleiche Mengen Stoff auf einander einwirken zu lassen. Hiedurch ist nun auch zugleich das Mehr von Wasser ꝛc., welches mit im Spiel ist angemerkt, so ist z. B. bey der Anwendung einer solchen Kalklösung 10 — 1 = 9 Wasser mehr vorhanden als bey den andern Versuchen, was allerdings von Einfluß ist, aber im Grunde nichts ausmacht, wenn das Kalkwasser nur immer so angewendet wird.

§. 48.

Da die pflänzlichen und thierischen Reagentien im Wasser gelösten Zustande wegen der Selbstentmischungen nicht lange aufzubewahren sind, so müssen sie entweder trocken, oder in Alkohol oder Aether gelöst aufbehalten werden. (Der Anwendung des letztern möchte jedoch sein allmähliges Verwandeln in eine Säure entgegen seyn). Es sind daher alle unsere pflänzlichen und thierischen Reagentien (natürlich bey denen es möglich ist) in dem Verhältniß = 1 : 60 in Alkohol gelöst; welche Lösungen man leicht zum Behufe des wässerigen Chemismus in wässerige dadurch umwandelt, daß man eine bestimmte Menge, z. B. 30 Gran verdunstet und nun in soviel Wasser löst, daß das Ganze wiederum 30 Gran beträgt. Man nimmt auch weniger, je nach dem augenblicklichen Bedarf, da man die wässerigen Lösungen nur für den jedesmaligen Gebrauch bereiten muß, indem nach einem Alter von ein Paar

Tagen schon die ursprüngliche Natur des Stoffs getrübt erscheint.

§. 49.

Es kann nach dem bereits oben Entwickelten unsere Absicht nicht seyn, hier nun eine ausführliche Charakteristik der angeführten Gerbsalze und ihrer basischen und sauren Bestandtheile zu geben, sondern da es uns nur für den Augenblick daran liegt, sie in der Phytochemie als Reagentien eingeführt zu wissen und noch eine Menge anderer Gerbsalze, die aus Mangel an Raum hier für diesmal unberührt bleiben mußten, sich an diese anschließen, und sie, durch die Prüfung des Verhaltens anderer Salze gegen sie, selbst geprüft werden, also andere anzeigend und unterscheidend, sich selbst kenntlich machen — so ist es kaum nöthig, jetzt ihr Verhalten gegen andere Salze zu untersuchen, um so weniger, da wir hier eben wegen Mangel an entsprechenden Reagentien noch nicht im Stande sind, unserm oben (§. 6. u. 13.) aufgestellten Grundsatz nachzuhandeln: diese Gerbsalze durch Gerbsalze zu charakterisiren. Dies kann erst in Zukunft geschehen, und da mag man sich dann die Mühe nicht verdrießen lassen, das die Eisensalze Bläuende und Grünende aus ein Paar hundert verschiedenen Pflanzenarten darzustellen und mit einander als Reagens und Agens in Contakt zu bringen. Nur nach so umfassenden Versuchen kann der Unterschied dieser Stoffe und ihre Brauchbarkeit als pflänzliche Reagentien erst gehörig gewürdigt werden. — Um doch aber einigermaßen unser Verfahren, die zwölf angeführten Salze als eigenthümliche zu unterscheiden, zu rechtfertigen, bemerken wir hier ihr Verhalten gegen einige Mineralsalze, gegen welche sie (wie die Tabellen zeigen werden) auffallend verschieden reagiren. Wir wählten, nachdem wir gefunden hatten, daß auf dem Wege des geistigen Chemismus bey der Prüfung dieser Gerbsalze eine größere Ausbeute zu erhalten sey als auf dem des wässerigen vorzugsweise essigsaure Salze zu Reagentien, die einmal in Wasser gelöst, mit den gleichfalls wässerigen Lösungen der Gerbsalze vereinigt, ein andermal mit Weingeist verbunden, zu den ebenso in Weingeist gelösten Gerbsalzen gesetzt, angewandt wurden. Es zeigte sich in beyden Fällen eine höchst auffallende Verschiedenheit, die, um sie desto besser übersehen zu können, in den tabellarischen Darstellungen der Reaktionsversuche unter einander verzeichnet sind; die mit I. bezeichnete erste Reihe bemerkt die Reaktionen wässeriger Lösungen; die mit II. anfangende zeigt die Veränderungen an, welche beym Zusammengießen geistiger Lösungen sich darstellten. Agens und Reagens waren in den Fällen, wo nichts bemerkt ist, in einem Verhältniß von 1:60 gelöst, immer wurden gleiche Theile zusammen gemischt, die dadurch sich zeigende Veränderung sogleich aufgezeichnet und nach 12 Stunden wieder nachgesehen und das Geschehene gleichfalls bemerkt. (Vergl. die beyfolgende Tabelle). Die Färbungen durch die Eisensalze beobachtet man am besten in undurchsichtigen, weißen Gefäßen; wir bedienten uns kleiner Porzellantassen, die als Kinderspielzeug vorkommend, sehr bequem und wohlfeil sind.

§. 50.

Aus diesen nur mit wenigen Reagentien angestellten Prüfungen ergiebt sich nun

1. eine große Verschiedenheit der zwölf aufgeführten Gerbsalze, und somit auch die Rechtfertigung sie als eigenthümliche zu betrachten. Die beyden Salze aus den Galläpfeln und der Uva ursi kommen sich in ihrem Verhalten am nächsten; jedoch weichen sie ab, in der dem letztern eignen Krystallisirbarkeit (§. 36.), in der Menge und Farbe der Niederschläge, welche letztere beym Gallussalz meistens rein weiß, bey dem aus Uva ursi aber gelb erscheinen. Merkwürdig ist ihr Uebereinkommen in der ziegelrothen Fällung durch essigsaures Quecksilberoxydul, in der Wandelbarkeit der Niederschläge, wodurch sich beyde wiederum sehr deutlich vom Gewürznelken- und Granatenschalensalz unterscheiden, deren weiße und gelbe Fällungen im Uebrigen den ihrigen sehr ähnelnd, ihre Farbe in einer zwölfstündigen Frist nicht merklich ändern.

Das Eichenbast- und Galläpfelsalz zeigen mehrere Uebereinstimmungen; allein schon im Verhalten gegen das salzsaure Eisen zeigen sich große Abweichungen, so wie sich dergleichen auch mit Hausenleim und Kalkwasser hervorthun.

Die Salze aus der Ratanhia, Rheum und Caryophyllis ähneln sich durch die Eisensalzgrünung, jedoch unterscheidet sich das Ratanhiasalz von den beyden letztern durch den schnellen Austausch der grünen Farbe gegen eine graubraune; auch weicht es durch das Nichtgefälltwerden durch essigsaures Kali, Natron, Kalk, Talk ꝛc. von jenen beyden ab, die unter sich, abgesehen von der verschiedenen Menge und Farbe der Niederschläge, vorzüglich in ihrem Verhalten gegen den Hausenblasenleim, differiren.

Eine merkwürdige Farbenerscheinung ist uns bey dem Ratanhia- und Rhabarbersalz aufgestoßen (die nicht mit in der Tabelle bemerkt worden). Mischt man gleiche Theile des Rhabarbergerbsalzes und salzsaures Eisen in einer Verdünnung mit Wasser = 1 : 60 zusammen, so erfolgt jene (oben) angemerkte Grünung und Fällung. Ueberläßt man nun dieses Gemisch sich selbst so, daß es freywillig an der Luft austrocknet, so zeigt sich auf dessen Oberfläche das schönste Blau, das im Lichten mit grünlichgelben Schillern dem Auge denselben angenehmen Eindruck gewährt wie die ähnlich gefärbten Federn vieler Vögel. Das Ratanhiasalz giebt unter denselben Umständen einen Rückstand, der nach auswärts hin mit schöner Purpur-, nach innen zu mit reiner goldgelber Farbe, beyde stark metallisch glänzend, dem Auge sich darstellt. Beyde Erscheinungen, die an das s. g. Irisiren der Mistjauche erinnern, könnten vielleicht Anknüpfungspunkte für die Enträthselung der wunderbaren Färbungen im Thierreiche geben. —

Das Verhalten des Catechu- als auch des Kinosalzes ist so charakteristisch, daß ihre Eigenthümlichkeit unverkennbar ist, auch zeichnet sich ersteres durch die Fähigkeit zu krystallisiren und die Schwerlöslichkeit in kaltem Wasser, die Löslichkeit des Bleyniederschlags in Alkohol von den andern deutlich aus.

Das Weinsamensalz, das durch die schnelle Aenderung seiner grünen Eisenverbindung in eine graubraune sich dem Ratanhiasalz nähert, ist durch seine Krystallisationsfähigkeit (§. 43.), durch die Reaktion gegen das Kalkwasser, essigsaures Kupfer rc. davon zu unterscheiden. Die Unterschiede des Weiden- und Tormentillsalzes — die sich ähneln durch die wenigen Fällungen, die sie bewirken, sich unterscheiden durch die Erscheinungen in Berührung mit Kalkwasser — von den andern Salzen, ergeben sich nun aus einer genauen Vergleichung der in den Tabellen verzeichneten Resultate von selbst.

2. Der wichtige Einfluß, den die verschiedenen Lösungsmittel: Wasser und Alkohol bey den Reaktionen üben, wie das die ganz entgegengesetzten Resultate beweisen, die erhalten wurden, je nachdem wir wässerige oder geistige zusammenbrachten; die richtig benutzt

3. dazu dienen können, diese Gerbsalze in Base und Säure zu zerlegen, worin sie augenscheinlich schon in diesen Versuchen zerfallen, indem die gerbsaure Mineralbase als in Alkohol unlöslich niederfällt, hingegen die essigsaure Base des Gerbsalzes im Alkohol gelöst bleibt. (Wie man das Basische und Saure aus dem Rhabarbersalz 1ter Kl. rein darstellen könne, ist unten im Anhange gelehrt, das der andern wird sich mit den gehörigen Modifikationen eben so abscheiden lassen.)

4. Daß selbst der Unterschied von Eisengrünenden und Eisenbläuenden Gerbstoff nicht Stich hält, indem die Salze aus Galläpfel, Bärentraube und Granatenschalen mit salzsaurem Eisen blaue und grüne Färbungen geben, was wohl in einer hier entstehenden gerbsauren, basischen, unlöslichm und sauren löslichen Verbindung seinen Grund haben mag und wichtig genug ist, die Chemiker zu bestimmen, eine Stoffeintheilung nach einem so ungewissen Farbenkriterium aufzugeben.

5.

5. Zeigt sich im Verhalten des Catechusalzes (das das Eisensalz sehr auffallend grünt) gegen Leim, daß nicht alles Eisensalze-Grünende darum auch gerbend, Leim fällend sey, indem dieses Salz die Hausenblasenleimlösung nicht fällt; endlich finden wir

6. in diesen Reaktionsversuchen die Bestätigung der oben (§. 21.) bey der Erklärung des Bräunens der Farben durch Laugen ꝛc. ausgesprochenen Ansicht, daß das Bräunen, Röthen ꝛc. durch dieselben das Entstehen einer neuen braungefärbten Verbindung sey. Hier findet ein eben solches mehr oder minder starkes Bräunen der Gerbsalze durch wässerige Lösungen von Kali ꝛc. statt. Daß sie Verbindungen seyen, ergiebt sich beym Vermischen geistiger Lösungen, wo statt der braunen Färbung ein brauner Niederschlag entsteht, und das überstehende Flüssige farblos oder schwach gefärbt erscheint. Setzt man Wasser zu, so löst sich der Niederschlag auf und die Flüssigkeit ist braun. Das Ganze reduzirt sich also darauf, daß die braunen gerbsauren Kaliverbindungen in Alkohol unlöslich, in Wasser aber löslich sind.

§. 51.

Es ist ein großes Hinderniß, um genau in der Beschreibung der Reaktionen zu seyn, daß einem für die mit dem Auge leicht bemerkbaren kleinern Unterschiede die passenden Worte fehlen, namentlich bey der Angabe der Form, Consistenz ꝛc. des Niederschlags, die nicht immer durch „käsig, flockig, locker" ꝛc. zu geben sind. Noch viel schlimmer steht es aber mit der Beschreibung der Farbungen, weil für die unendlich vielen, oft sehr charakteristischen Abstufungen die Worte mangeln. Es muß daher in Zukunft einmal mit Ernst an eine Nomenklatur der Reaktionserscheinungen gedacht werden, die möglichste Kürze mit mathematischer Bestimmtheit zu vereinigen hat. Wir wollen in Zukunft versuchen, unsere Ideen hierüber darzulegen. Eine Hauptsache möchte die seyn, die Individuen des Pflanzenreichs hiebey im Auge zu behalten und die Färbung der künstlichen Verbindungen nach den natürlichen Mustern, wie sie sich in den Blumen, Früchten, Blättern ꝛc. darstellen, zu bezeichnen, wie man dies auch schon öfter und im gemeinen Leben immer gethan, wo etwas als rosenroth, quittengelb, veilchenblau ꝛc. unterschieden wird. Soll diese Bezeichnungsart der Wissenschaft frommen, so muß sie eine allgemeine Anwendung finden, so daß man für jede rothe, blaue, gelbe Nüance auch eine rothe, blaue, gelbe Blume hat, mit deren Namen man die gefärbte Verbindung ausspricht. Eine solche Bestimmung wäre allerdings sehr wichtig und wünschenswerth, wenn nicht nothwendig große Irrthümer unterlaufen würden, weil man alle diese Blumen unmöglich immer frisch bey der Hand haben kann. Der Phytochemiker muß hier einen Ausweg finden, er suche sich die Blumen ꝛc. durch die Fixation ihrer Farben zu ersetzen und konstruire sich so eine Farbenskale im Sinne des Saussurschen Cyanometers! — Das Für und Wider eines solchen Instruments und die Angabe der Möglichkeit seiner Ausführung ein andermal.

Anhang.

Da der Abdruck der Extraktivstoffabhandlung noch etwas dauert, so möchte es hier nicht am unrechten Orte seyn, vorläufig einige Resultate anzumerken, die sich uns im Allgemeinen bey der, gegen die Existenz dieses Stoffs gerichteten Arbeit ergaben.

1. Dasjenige, was man Extraktivstoff nennt und als einen Bestandtheil der meisten Pflanzen aufführt, ist nichts Einfaches, sondern ein Gemisch mehrerer, näherer Pflanzenbestandtheile (Pflanzensalze), und zwar von an sich in Wasser löslichen und in demselben unlöslichen, deren Vereinigung durch das primäre Ausziehen mit Wasser zu Stande gebracht wird.

2. Sein Unlöslichwerden durch öfteres Verdunsten der wässerigen Lösung und Wiederlösen ist keinesweges in allen Fällen die Folge einer stattfindenden Oxydirung, sondern meistentheils eine durch diese Verfahrungsarten herbeygeführte Zerlegung dieses Pflanzenstoffgemisches in lösliche und unlösliche Verbindungen. Wie dieses sehr anschaulich das oben (Cap. IV.) angeführte Beyspiel von der China beweist, mit deren durch Abdampfen rc. verändertem Lösungsverhältniß man bekanntlich vorzugsweise eine hiebey stattfindende Oxydation hat beweisen wollen *).

3. Die Unterscheidung bittrer, scharfer, narkotischer rc. Extraktivstoffe fällt, abgesehen von anderweitig sich ergebenden Gründen, darum ganz weg, weil das

*) Vergl. Schrader „über Extraktivstoff rc." Gehlen Journ. 8ter Band.

Bittre, Scharfe, Narkotische sich in den allermeisten Fällen im Aether und absoluten Alkohol oder einem Gemisch von beyden löst, was bekanntlich als eine diesen Extraktivstoffen mangelnde Eigenschaft angegeben wird, die nur in Weingeist und Wasser lösbar seyn sollen. (Der Grund hievon ist schon im vierten Capitel angegeben.)

Es ist zwar allerdings in diesen bittern, scharfen und narkotischen Pflanzen ein Stoff vorhanden, der sich nicht in Aether und Alkohol, wohl aber in Wasser und Weingeist löst, allein dieser ist weder bitter, scharf noch narkotisch.

4. Zerfallen die den s. g. Extraktivstoff zusammensetzenden Stoffe (Pflanzensalze) durch die Präcipitationsmethode in Base und Säure. Hier ist uns nun, wie es denn nicht anders zu erwarten war, ein großes Feld von Entdeckungen aufgegangen, und es hat sich uns unter anderem ergeben, daß:

1. Das Bittre der Quassia, Gentiana, Cent. min., Menyanth. trifol., Tumar., Polygala, Columbo, Angustura vera, Simaruba, Absinth., Colocynth., Scilla etc.
2. Das Scharfe des Pfeffers, des Senfs, des Helleborus, der Gratiola, Anagallis, Senna, Pulsatilla, des Chelidon., der Jacea, des Euphorbimus etc.
3. Das Kratzende der Senega, Saponaria, Arnica etc.; und endlich
4. Das Narkotische der Nicotiana, des Solanum, des Ledum, Digitalis, Lolium (temul.), Conium, Secale cornutum etc.

abhängig sey von eigenthümlichen, in ihnen enthalten seyenden Pflanzenbasen, denen eine eigenthümliche Säure gegenüber steht, womit dieselben zu einem natürlichen Pflanzensalz vereinigt sind. Diese Thatsachen, die sich mit der Annahme eines Extraktivstoffs nicht mehr vertragen, bereiten nun seinen völligen Untergang.

Was die Darstellung dieser Basen betrifft, so können darüber keine besondere Regeln gegeben werden, weil sich ein jedes Verfahren nach ihrer Eigenthümlichkeit selbst richtet, die erst durch vorläufige Versuche auszumitteln ist. Jedoch lassen sich hier zwey Hauptregeln feststellen, die sich auf die vorläufige Erforschung: ob die Base für sich im Wasser löslich oder unlöslich sey, gründet, nemlich:

1. Wenn die Base auch im Säure-freyen Zustande im Wasser mit Leichtigkeit löslich ist, so wende zur Abscheidung der sie neutralisirenden Pflanzensäure ein (Mineral-) Salz an, das eine Säure enthält, welche mit andern (Mineral-) Basen eine in Alkohol oder Aether unlösliche Verbindung giebt, so daß die in diesem Falle durch doppelte Wahlverwandtschaft entstehende mineralsaure Pflanzenbase durch Zusatz einer andern Mineralbase abgeschieden wird und nun durch Alkohol oder Aether zu trennen ist.

Beyspiele.

a. Man zerlege das bittere Pflanzensalz aus den Blättern der Menyanth. trifol. durch salzsaures Zinnoxydul (aber vorsichtig zur Verhütung eines desoxydirenden Ueberschusses). Es fällt die Säure mit dem Zinn nieder, indeß die salzsaure Pflanzenbase gelöst bleibt. Diese salzsaure Base mit Barytwasser zerlegt, giebt nun salzsauren Baryt und die freye Pflanzenbase, die nun durch Alkohol (wegen Unlöslichkeit dieses Barytsalzes in ihm) zu trennen ist. Wo schwefelsaure und phosphorsaure Salze das Pflanzensalz zu zerlegen im Stande sind, da finden diese Salze eben so zweckmäßig ihre Anwendung.

b. Man scheidet aus einem Pflanzensalz 1ter Kl. z. B. aus dem der Rhabarber (Cap. V. §. 38.) die Säure durch essigsaures Bley, so bekommt man in dem Nichtgefällten die essigsaure Rhabarberbase 1. Kl., der man durch vorsichtiges Zusetzen von Barytwasser die Essigsäure entzieht, und nun, nachdem das Ganze zur Trockne gebracht ist, durch Digestion mit Aether von dem essigsauren Baryt die Rhabarberbase trennt. Hiemit reicht man in den meisten Fällen aus. Die Anwendung des Barytwassers hat viel für sich, indem ein kleiner Ueberschuß durch seine Sucht nach Kohlensäure sehr bald unlöslich und unschädlich wird.

2. Wenn dagegen die Pflanzenbase im säurefreyen Zustande im Wasser schwer- oder unlöslich ist: so scheide man auch erst die sie neutralisirende Pflanzensäure, und zwar durch ein Salz mit Mineralbase, das eine Säure enthält, welche mit der Pflanzenbase eine leichtlösliche Verbindung giebt, und durch eine Mineralbase, z. B. Natron, Baryt ꝛc. ganz von derselben geschieden werden kann, so daß beym Präcipitiren keine basische Verbindung niederfällt. Hier sind essigsaure Salze, namentlich das essigsaure Bley sehr zweckmäßig, indem die essigsaure Pflanzenbase durch stärkere Mineralbasen leicht vollkom-

men zerlegt wird. Ist die gefällte Pflanzenbase leicht in Aether löslich, so ist man des Aussüßens des Niederschlags überhoben, indem man ihn dann nur durch starkes Pressen zwischen Papier zu trocknen und mit Aether zu behandeln braucht.

Beyspiel: Um die Base aus China regia und aus einigen andern Sorten im reinen Zustande zu erhalten, verfährt man folgendermaßen: man scheidet aus dem kaltbereiteten, wässerigen Chinaaufguß, oder besser aus dem durch Aether gefällten, in Wasser aufgenommenen weingeistigen Auszug die Säure durch essigsaures Bley, und setzt nun zu dem klaren abfiltrirten Flüssigen, ohne vorher das Bley durch Hydrothionsäure zu scheiden, sogleich kohlensaures Natron hinzu. Es fallen kohlensaure Chinabase und kohlensaures Bley nieder, die man durch Verbinden mit Schwefelsäure und Digeriren mit Alkohol, der die schwefelsaure Chinabase sehr leicht löst, von einander trennt. Die schwefelsaure Chinabase schießt aus dem Alkohol in schönen weißen, seidenartig glänzenden, strahlig auseinanderweichenden Gruppen nadelförmiger Krystalle an, woraus nun durch Baryt die Base rein darzustellen ist. Das vorherige Abscheiden der Chinasäure durch Bley ist durchaus nothwendig, weil man, wenn man den kalten Auszug ꝛc. sogleich mit kohlensaurem Natron niederschlägt, neben der kohlensauren auch basisch-chinasaure Chinabase niederfällt. Dies findet auch bey vielen andern Pflanzensalzen statt, wenn ihre Basen ohne vorherige Abscheidung der Säure gefällt werden.

Zur Darstellung der Pflanzensäuren bleibt essigsaures Bley immer ein Hauptmittel, indem das pflanzensaure Bley durch Hydrothionsäure so leicht zerlegt wird, und in Fällen, wo statt eines reinen pflanzensauren Bleyes ein Doppelsalz aus diesem und basisch-essigsauren niederfallen sollte, macht es da nichts, wo die Pflanzensäure nicht flüchtig ist, also der sie verunreinigende Antheil Essigsäure verflüchtigt werden kann. Salzsaures Zinn- und salpetersaures Quecksilberoxydul, die wegen ihrer leichten Zerlegbarkeit durch viele Pflanzensalze wohl Anwendung finden könnten, taugen darum nicht, weil meistens nicht das reine Oxydul, sondern seine basisch salz- und salpetersaure Verbindung sich mit der Pflanzensäure vereinigt. Wo es sich nicht um Darstellung der Säure, sondern um die ihrer Verbindungen mit Mineralbasen handelt, sind in vielen Fällen andere, in Alkohol oder Weingeist lösliche, essigsaure Salze anwendbar, mit welchen man die Pflanzensalze durch doppelte Wahlverwandtschaft zerlegt, indem hier meistentheils eine in Weingeist unlösliche pflanzensaure Mineralbase und eine in ihm lösliche essigsaure Pflanzenbase entsteht. Auf diese Weise kann man sich durch essigsaures Kali, Natron, Kalk, Baryt, Talk etc. chinasaures Kali, Natron etc. darstellen, wenn man nur geistige Lösungen zusammen mischt, ohne Gefahr zu laufen, daß hier, was beym direkten Sättigen fast unvermeidlich ist, die Mineralbase einen verändernden Einfluß auf die Pflanzensäure ausübe, weil hier kein Zusatz der freyen Base in Ueberschuß möglich ist. Auch viele gerbsaure Mineralverbindungen sind durch diese Salze zu bilden, wie das die Tabelle (p. 253.) zeigt.

FSC
www.fsc.org
MIX
Papier | Fördert
gute Waldnutzung
FSC® C083411

Zeitfracht Medien GmbH
Ferdinand-Jühlke-Straße 7
99095 Erfurt, Deutschland
produktsicherheit@kolibri360.de